“十四五”高等职业教育计算机类专业系列教材

综合布线系统工程技术

张　飞　陆文逸◎主编

中国铁道出版社有限公司
CHINA RAILWAY PUBLISHING HOUSE CO., LTD.

内 容 简 介

本书根据教育部发布的《计算机网络技术专业教学标准》《通信技术专业教学标准》《通信工程设计与监理专业教学标准》进行编写，目的是提升各级各类职业院校学生综合布线系统工程施工技能。本书分为三个模块，主要内容包括综合布线系统工程认知、综合布线系统工程基本施工技能训练和综合布线系统工程典型链路施工，让学生学会识读综合布线系统工程的各类图纸并按图施工，更扎实地掌握综合布线系统工程中各类线缆配线、端接/接续的技能，并学会运用这些技能解决实际工程问题。

本书按任务驱动式编写，将综合布线系统工程施工涉及的职业素养、知识、技能与学习任务有机结合。学生完成学习任务后，能拓展专业知识、提升专业技能、培育职业素养。

本书是活页式新形态教材，以二维码形式附图纸、实训指导书、作业指导视频等资源，适合作为高等职业院校计算机类专业教材，也可作为综合布线系统工程施工从业人员的参考书。

图书在版编目（CIP）数据

综合布线系统工程技术/张飞，陆文逸主编. —北京：中国铁道出版社有限公司，2024. 6

"十四五"高等职业教育计算机类专业系列教材

ISBN 978-7-113-30896-4

Ⅰ. ①综… Ⅱ. ①张… ②陆… Ⅲ. ①智能化建筑-布线-系统工程-高等职业教育-教材 Ⅳ. ①TU855

中国国家版本馆 CIP 数据核字（2024）第 097807 号

书　　名：综合布线系统工程技术
作　　者：张　飞　陆文逸

策　　划：曹莉群　　　　**编辑部电话：**（010）83527746
责任编辑：张松涛　徐盼欣
封面设计：尚明龙
责任校对：安海燕
责任印制：樊启鹏

出版发行：中国铁道出版社有限公司（100054，北京市西城区右安门西街 8 号）
网　　址：https://www.tdpress.com/51eds/
印　　刷：北京联兴盛业印刷股份有限公司
版　　次：2024 年 6 月第 1 版　2024 年 6 月第 1 次印刷
开　　本：787 mm × 1 092 mm 1/16　**印张：**12. 25　**字数：**395 千
书　　号：ISBN 978-7-113-30896-4
定　　价：56. 00 元

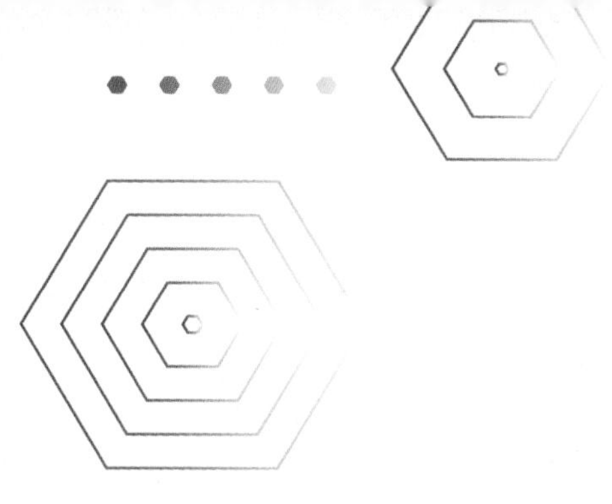

前　言

2019 年国务院发布《国家职业教育改革实施方案》，提出建设一大批校企“双元”合作开发的国家规划教材，倡导使用新型活页式、工作手册式教材并配套开发信息化资源。该方案提出努力实现职业技能和职业精神培养高度融合，编者就此萌发了编写一部综合布线系统工程技术新形态教材的想法。

党的二十大报告提出：“建设现代化产业体系。坚持把发展经济的着力点放在实体经济上，推进新型工业化，加快建设制造强国、质量强国、航天强国、交通强国、网络强国、数字中国。”党的二十大报告对加快建设网络强国作出了重要战略部署，网络强国建设已成为社会主义现代化国家建设的重要内容。

本书根据教育部发布的《计算机网络技术专业教学标准》《通信技术专业教学标准》《通信工程设计与监理专业教学标准》进行编写。全书分为三个模块共 21 个学习任务，内容基本涵盖了综合布线系统工程施工所需的知识和技能：模块一主要让学生认识综合布线系统工程，掌握综合布线系统工程图纸的识读；模块二主要让学生掌握综合布线系统工程中各类线缆配线、端接或接续的技能；模块三设计了五个典型链路的学习任务，供学生综合运用技能解决问题。

本书具有以下特色：

（1）选取企业典型工作任务，校企双元开发。根据行业、企业综合布线系统工程施工要求的必要知识和技能，并选取企业典型工作任务，同时结合职业院校学生特点，设计每个学习任务。

（2）突破学科体系教材的编写模式，采用模块—任务的形式编写。本书将理论与实践相结合，着重培养学生的动手能力和职业素养。每个学习任务包括任务目标、任务准备、技能训练、考核与评价、相关知识等五个学习环节。在任务准备环节，强调学生动手查阅相关资料回答相应引导问题。在技能训练环节，强调学生实际动手操作并将结果填入相应的表格或工单中，学、做、练相结合，可操作性强。

（3）在编写过程中积极对标有关国家标准。以 GB 50311—2016《综合布线系统工程设计规范》、GB/T 50312—2016《综合布线系统工程验收规范》、国家建筑标准设计图集 20X101-3《综合布线系统工程设计与施工》等最新国家标准、行业标准为准绳，将新标准、新规范、新技术纳入教材。

（4）信息技术助力教学。本书以二维码形式提供了图纸、实训指导书、作业指导视频等多媒体资源，同时建有省级精品在线开放课[1]，可与本书配套使用授课，开展线上线下混合式教学。

本书由江西交通职业技术学院张飞、陆文逸担任主编，江西锦路科技开发有限公司陈震担任主审，江西交通职业技术学院胡瀚文及江西方兴科技股份有限公司工程分公司陈伟参加编写。具体编写分工如下：张飞负责全书的内容规划与统稿定稿并编写模块二的任务十至任务十四、模块三；陆文逸负责模块二的任务二至任务九；胡瀚文负责编写模块一的任务二、模块二的任务一；陈伟负责编写模块一的任务一。

本书在编写过程参考了众多资料，在此向其作者表示诚挚的谢意。

由于综合布线技术快速发展，本书编写时间仓促，加之编者水平有限，书中疏漏及不妥之处在所难免，敬请广大读者批评指正。

编　者

2024 年 1 月

① 课程网址：https://www.xueyinonline.com/detail/236034643。

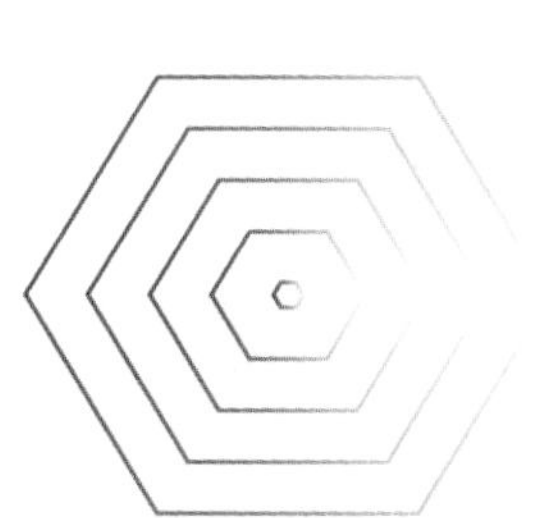

目　录

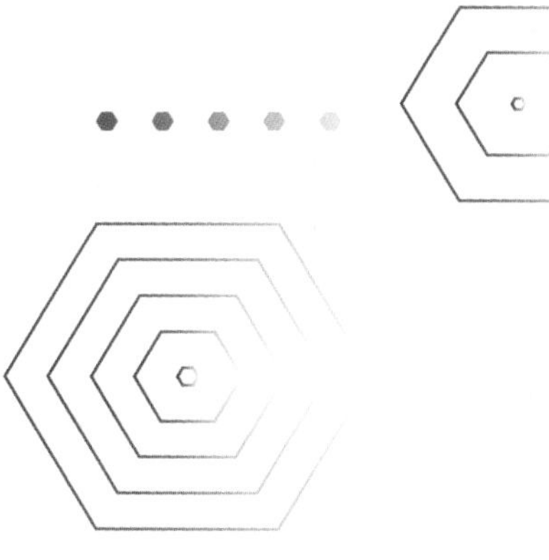

模块一

综合布线系统工程认知

本模块介绍园区综合布线系统工程相关的工程实例、国家标准、设计要点以及图纸作业。通过对本模块的学习，学生应达成以下学习目标：

学习目标

【素质目标】

(1)在参观园区过程中，能在衣着规范、防压伤、防跌落等方面具备安全生产的意识；

(2)能有基本的团队协作精神。

【知识目标】

(1)了解综合布线系统工程的设计规范和验收规范；

(2)自主查阅综合布线系统工程的设计规范和验收规范以及设计与施工图册，能将规范与综合布线实际工程内容对照；

(3)初步了解综合布线系统工程中的器材。

【能力目标】

(1)能独立绘制各类链路图；

(2)能根据施工平面图和系统图统计信息点的数量；

(3)能根据施工平面图统计综合布线系统工程的工程量；

(4)能使用表格、CAD、MS Visio 等软件中的一种绘制机柜(或机架)的设备布置示意图。

任务一　参观综合布线系统工程

任务目标

工作任务	参观某园区综合布线系统工程，了解各个子系统、布线通道(含人井、手孔)以及线缆的类型等相关内容
任务要求	(1)会查询并使用《综合布线系统工程设计规范》(GB 50311—2016)； (2)会查询并使用《综合布线系统工程验收规范》(GB/T 50312—2016)； (3)会查询并使用国家建筑标准设计图集《综合布线系统工程设计与施工》(20X101-3)； (4)能说出综合布线系统常用术语和名称

任务准备

请自行查阅资料，完成工作准备。

引导问题1：中华人民共和国国家标准中的《综合布线系统工程设计规范》和《综合布线系统工程验收规范》。

综合布线系统工程设计规范：________________________________

综合布线系统工程验收规范：________________________________

引导问题2：《综合布线系统工程设计规范》中描述的七大子系统。

综合布线系统工程七大子系统：________________________________

引导问题3：请仔细阅读《综合布线系统工程设计规范》第二章，填写表1-1-1。

表1-1-1　常用缩略语英文全称及中文含义

缩　略　语	英文全称	中文含义
TE		
TO		
CP		
FD		
BD		
CD		
CP		
ISO		
OF		
SW		
TIA		
IEEE		
POE		

引导问题4：用铅笔在空白处绘出《综合布线系统工程设计规范》中的基本链路构成。

引导问题5：国标中规定了对绞电缆配线子系统通信信道长度，填写表1-1-2。

表1-1-2　填写对绞电缆信道长度

连接模型	最短长度/m	最长长度/m
配线子系统	—	
FD-TO(无CP)		
工作区设备跳线		
FD设备跳线		

引导问题6：按照《综合布线系统工程设计规范》中基本链路模型，分解配线子系统通信信道、干线子系统通信信道、建筑群子系统通信信道，用铅笔在空白处绘出。

配线子系统通信信道（不含CP集合点）：

干线子系统通信信道：

建筑群子系统通信信道：

引导问题7：园区户外作业，根据当前季节和本次课作业内容，写出需要做哪些防护准备工作[从穿着、防护、防暑（或防寒）等方面描述]。

引导问题8：请描述手孔的常见规格和作用。

引导问题9：请描述人井的作用。

引导问题10：请描述光缆引入人（手）孔井时，预留长度及固定半径。

技能训练

训练要求:请在教师或园区网络管理员的带领下,有序参观综合布线系统工程,并完成下述问题。

技能训练1:请写出你在工作区子系统看到的终端设备。

技能训练2:请写出你看到的信息插座底盒的安装方式。

技能训练3:你看到的暗装底盒与暗敷线管是如何连接的?施工是否规范?如果不规范请写出规范的连接方式。

技能训练4:配线(水平)子系统中,线缆是如何敷设的?布线通道是何材质、如何敷设的?

技能训练5:管理间子系统是否按照国标建议每层楼都设置一个?你参观的楼宇是如何设置的?按照国标要求管理间子系统应如何配置?

技能训练6:管理间子系统与设备间子系统通过何种线缆连接?请你写出你所看到的线缆连接件的名称。

技能训练7:干线子系统的布线通道是何类型?以何种方式安装?此种安装方式的配件有哪些?

技能训练8:设备间子系统与进线间子系统是在同一层楼、同一个房间吗?设备间有几根进线线缆？分别是什么类型的？从何地(处)引入？

____

____

____

技能训练9：进线间与外部管道井连接的管道是何材质？管道埋设时，为何是内高外低？管道室内出口封堵的防火泥有何作用？

____

____

____

技能训练10：请描述你在人井中看到的布线管道类型。

____

____

____

考核与评价

请作业人员、小组成员和教师依据表1-1-3完成本次任务考核。

表1-1-3 考核赋分表

评价项目	评价内容	分值	评价分数		
			自评	互评	师评
职业素养 60%	穿戴规范、整洁，做好劳动保护，符合现场作业要求(女生不得穿吊带、短裙、拖鞋；男生不得穿拖鞋、背心；夏季做好防暑措施，冬季做好保暖措施)	15			
	安全生产： ①避免蛇虫鼠蚁咬伤； ②避免掉入孔井； ③避免被井盖压伤	15			
	作业规范： ①不随意踩踏线缆、线管； ②不随意损坏标记等	15			
	团队合作能力	5			
	劳动精神： ①态度积极； ②恢复原有系统状态； ③不乱扔垃圾	5			
	积极参与自评和小组互评	5			
专业能力 40%	利用教材、在线学习平台、互联网等方式查找专业知识	15			
	积极参加教学活动，及时完成工作活页	25			
总评	自评得分：________ 互评得分：________ 师评得分：________ 自评×20%＋互评×20%＋师评×60% ≥85分优秀，≥75分良好，≥65分合格	综合得分			
		综合评价			

相关知识

一、综合布线标准

综合布线①(generic cabling system,GCS)是开放式网络拓扑结构,系统将办公自动化系统、通信系统、电力监控系统、消防系统、监控系统等结合起来,采用结构化、模块化的设计思想,以可靠性、安全性、标准化及通用性、良好的扩展性为原则,实现语音、数据、图像、多媒体业务等信息的传输。

综合布线系统由不同系列和规格的部件组成,包括传输介质(如双绞线、同轴电缆、光缆)、连接件(如信息模块插座、配线架、插头、适配器)和电气保护设备等。

1. 综合布线中国国家标准

(1)国家标准

我国综合布线标准分为国家标准和通信行业标准。国内标准在参考国际上综合布线标准的最新成果,结合我国实际情况,对综合布线系统的组成、综合布线子系统的组成、系统的分级等进行了严格规范。

2016 年 8 月,中华人民共和国住房和城乡建设部发布了 GB 50311—2016《综合布线系统工程设计规范》(*Code for engineering design of generic cabling system*)、GB/T 50312—2016《综合布线系统工程验收规范》(*Code for engineering acceptance of generic cabling system*),并于 2017 年 4 月 1 日起实施。原 GB 50311—2007《综合布线系统工程设计规范》和 GB 50312—2007《综合布线系统工程验收规范》同时废止。

GB 50311—2016 相对 GB 50311—2007 最主要的变化就是,增加了光纤到用户单元通信设施工程设计要求,并新增有关光纤到用户单元通信设施工程建设的强制性条文。

与综合布线系统工程设计、实施和验收相关的国内其他标准见表 1-1-4。

表 1-1-4 常用国家标准

标准编号	标准名称
GB 50314—2015	智能建筑设计标准
GB 50016—2014	建筑设计防火规范(2018 年版)
GB 50339—2013	智能建筑工程质量验收规范
GB 50116—2013	火灾自动报警系统设计规范
GB 50343—2012	建筑物电子信息系统防雷技术规范
GB/T 2887—2011	计算机场地通用规范
GB 50057—2010	建筑物防雷设计规范
GB 50174—2017	数据中心设计规范
GB 50263—2007	气体灭火系统施工及验收规范
GB 50373—2019	通信管道与通道工程设计标准
GB/T 50374—2018	通信管道工程施工及验收标准
GB 50394—2007	入侵报警系统工程设计规范

① 部分资料中也称结构化综合布线系统(premises distributed system,PDS)。

续表

标准编号	标准名称
GB 50395—2007	视频安防监控系统工程设计规范
GB 50352—2019	民用建筑设计统一标准

(2)行业标准

国内由工业和信息化部颁发的通信行业标准——YD/T 926—2023,是目前国内比较权威的综合布线行业标准。它主要包括以下两部分内容。

①YD/T 926.1—2023:信息通信综合布线系统　第1部分:总规范。规定了信息通信综合布线系统的总体结构与配置、性能要求、设计导则、安装、管理、测试程序等内容。

②YD/T 926.2—2023:信息通信综合布线系统　第2部分:光纤光缆布线及连接件通用技术要求。规定了信息通信综合布线系统中布线用的光纤光缆及连接件的术语定义、缩略语、技术要求和试验方法等。

2. 综合布线国际标准

随着信息技术的发展,综合布线技术不断更新迭代;为与之相适应,综合布线系统相关标准也得到了不断的发展和完善。国际标准化委员会(ISO/IEC)、欧洲标准化委员会(CENELEC)和美国国家标准局(ANSI)等组织都在制定更新标准以满足新技术和市场的需求。

国际上流行的综合布线标准主要有国际标准化组织的ISO/IEC 11801、欧洲的EN 50173、美国的TIA/EIA 568等,见表1-1-5。

表1-1-5　综合布线国际标准

制定组织	标准编号	标准名称
ISO/IEC	ISO/IEC 11801	信息技术——用户建筑群通用布线国际标准
欧洲	EN 50173	信息系统通用布线标准
	EN 50174	信息系统布线安装标准
	EN 50289	通信电缆试验方法规范
美国	TIA/EIA 568A	商业建筑物电信布线标准(A1～A5)
	TIA/EIA 568B	商业建筑通信布线系统标准(B1～B3)
	TIA/EIA 568C	建筑通信布线系统标准(C1～C3)
	TIA/EIA 569A	商业建筑电信布线路径及空间距标准
	TIA/EIA 570A	住宅及小型商业区综合布线标准
	TIA/EIA 606A	商业建筑物电信基础结构管理标准
	TIA/EIA 607A	商业建筑物电信布线接地和连接规范

二、综合布线子系统划分

如图1-1-1所示,中国国家标准GB 50311—2016将建筑物综合布线系统分为以下七个子系统:工作区子系统、配线子系统、干线子系统、管理子系统(电信间)、设备间子系统、进线间子系统、建筑群子系统。

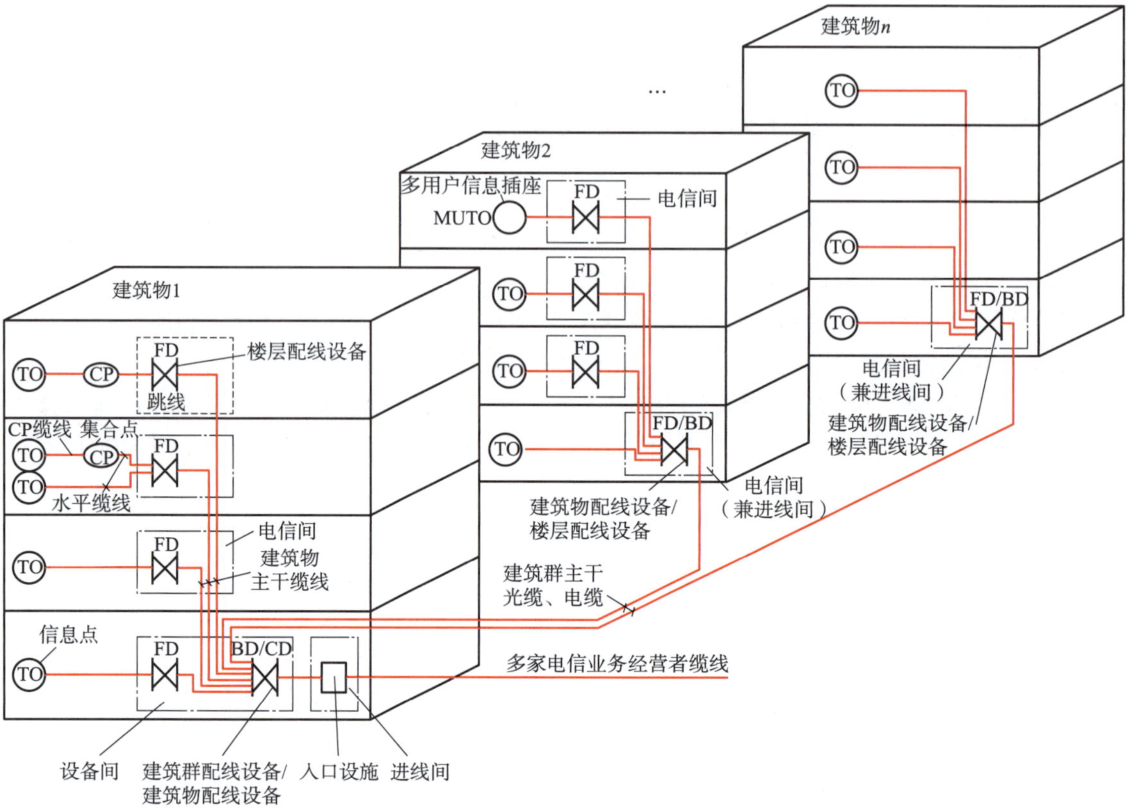

图 1-1-1　综合布线子系统分布图

1. 工作区子系统

(1)概念

工作区子系统又称服务区子系统，它是由跳线与信息插座所连接的设备组成。其中信息插座包括墙面型、地面型、桌面型等，常用的终端设备包括计算机、电话机、传真机、报警探头、摄像机、监视器、各种传感器件、音响设备等。

(2)设计要点

①从 RJ-45 插座到计算机等终端设备间的连线宜用双绞线，且不要超过 5 m。

②RJ-45 插座宜首先考虑安装在墙壁上或其他不易被触碰到的地方。

③RJ-45 信息插座与电源插座等应尽量保持 20 cm 以上的距离。

④对于墙面型信息插座和电源插座，其底边距离地面一般应为 30 cm。

2. 配线子系统

(1)概念

配线子系统也称水平子系统。配线子系统由工作区信息插座模块、模块到楼层管理间连接缆线、配线架、跳线等组成。实现工作区信息插座和管理间子系统的连接，包括工作区与楼层管理间之间的所有电缆、连接硬件(信息插座、插头、端接水平传输介质的配线架、跳线架等)、跳线线缆及附件。

(2)设计要点

①确定布线等级(线缆类型)、布缆方式及线缆走向。

②双绞线的长度一般不超过 90 m。

③尽量避免水平线路长距离与供电线路平行走线，应保持一定的距离（非屏蔽线缆一般为 30 cm，屏蔽线缆一般为 7 cm）。

④缆线必须走线槽或在天花板吊顶内布线，尽量不走地面线槽。

⑤在特定环境中布线要对传输介质进行保护，使用线槽或金属管道等。

3. 干线子系统

（1）概念

干线子系统也称垂直干线子系统，提供建筑物的干线电缆，负责连接管理间子系统到设备间子系统，实现主配线架与中间配线架，计算机、PBX、控制中心与各管理子系统间的连接，该子系统由所有的布线电缆组成，或由光缆以及将此光缆连接到其他地方的相关支撑硬件组合而成。

（2）设计要点

①垂直子系统一般选用光缆，以提高传输速率。

②垂直子系统应为星状拓扑结构。

③垂直子系统干线光缆的拐弯处不要用直角拐弯，干线电缆和光缆布线的交接不应该超过两次，从楼层配线到建筑群配线架间只应有一个配线架。

④线路不允许有转接点。

⑤为了防止语音传输对数据传输的干扰，语音主电缆和数据主电缆应分开。

⑥垂直主干线电缆要防遭破坏，确定每层楼的干线要求和防雷电设施。

⑦满足整幢大楼的干线要求和防雷击设施。

4. 管理间子系统

（1）概念

管理间子系统也称电信间或者配线间，一般设置在每个楼层的中间位置。管理间主要为楼层安装配线设备（机柜、机架、机箱等）和楼层信息通信网络系统设备的场地，并应在该场地内设置缆线竖井、等电位接地体、电源插座、UPS 电源配电箱等设施。对于综合布线系统设计而言，管理间子系统也是连接垂直子系统和水平干线子系统的设备。当楼层信息点超过 400 个或配线子系统长度超过 90 m 时，可以设置多个管理间。管理间内，信息通信网络系统设备及布线系统设备宜与智能化系统布线设备分设在不同的机柜内。当各设备容量配置较少时，亦可在同一机柜内作空间物理隔离后安装。

（2）设计要点

①配线架的配线对数由所管理的信息点数决定。

②进出线路以及跳线应采用色标或者标签等进行明确标识。

③配线架一般由光缆配线架和铜缆配线架组成。

④供电、接地、通风良好、机械承重合适，保持合理的温度、湿度和亮度。

⑤根据工程中配线设备与以太网交换机设备的数量、机柜的尺寸及布置，电信间的使用面积不应小于 5 m^2。当电信间内需设置其他通信设施和智能化系统设备箱柜或智能化竖井时，应增加使用面积。

⑥采取防尘、防静电、防火和防雷击措施。

⑦电信间应采用外开防火门，房门的防火等级应按建筑物等级类别设定。房门的高度不应小于 2.0 m，净宽不应小于 0.9 m。

⑧电信间应设置不少于两个单相交流 220 V/10 A 检修用电源插座盒，每个电源插座的配电线路均应装设保护器。设备供电电源应另行配置。

5. 设备间子系统

(1)概念

设备间在实际应用中一般称为网络中心或者机房，是在每栋建筑物适当地点进行网络管理和信息交换的场地。其位置和大小应该根据系统分布、规模以及设备的数量来具体确定，通常由电缆、连接器和相关支撑硬件组成，通过缆线把各种公用系统设备互连起来。主要设备有计算机网络设备、服务器、防火墙、路由器、程控交换机、楼宇自控设备主机等，它们可放在一起，也可分别设置。

(2)设计要点

①设备间的位置和大小应根据建筑物的结构、布线规模和管理方式及应用系统设备的数量综合考虑。

②设备间要有足够的空间，其使用面积不应小于 10 m^2。

③良好的工作环境：温度应在 10～35 ℃，相对湿度在 20%～80%，亮度适宜。

④设备间内所有进出线装置或设备应采用色标或标签区分各种用途。

⑤设备间具有防静电、防尘、防火和防雷击措施。

⑥设备间应设置不少于两个单相交流 220 V/10 A 检修用电源插座盒，每个电源插座的配电线路均应装设保护器。设备供电电源应另行配置。设备间如果安装有源的信息通信设施或其他有源设备，设备供电应符合相应的设计要求。

6. 进线间子系统

(1)概念

进线间是建筑物外部通信和信息管线的入口部位，并可作为入口设施和建筑群配线设备的安装场地。进线间一般通过地埋管线进入建筑物内部，宜在土建阶段实施。电缆或光缆可以通过人(手)孔井引入建筑物，如图 1-1-2 和图 1-1-3 所示。

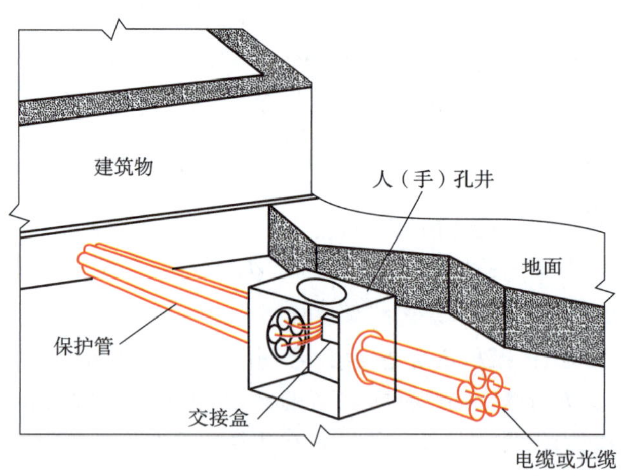

图 1-1-2　电缆或光缆通过人(手)孔井引入建筑物 1

一般一个建筑物宜设置一个进线间，提供给多家电信运营商和业务提供商使用。进线间因涉及因素较多，难以统一具体所需面积，可根据建筑物实际情况，并参照通信行业标准和国家的现行标准要求进行设计。建筑群主干电缆和光缆、公用网和专用网电缆、光缆及天线馈线等室外缆线进入建筑物时，应在进线间转换成室内电缆、光缆，在缆线的终端处可由多家电信业务经营者设置入口设施，入口设施中的配线设备应按引入的电缆、光缆容量配置。进线间应设置管道入口。在进线间缆线入口处的管孔数量应留有充分的余量，以满足建筑物之间、外部接入业务及多家电信业务经营者和其他业务服务商缆线接入的需求，建议留有 2 ~4 孔的余量。

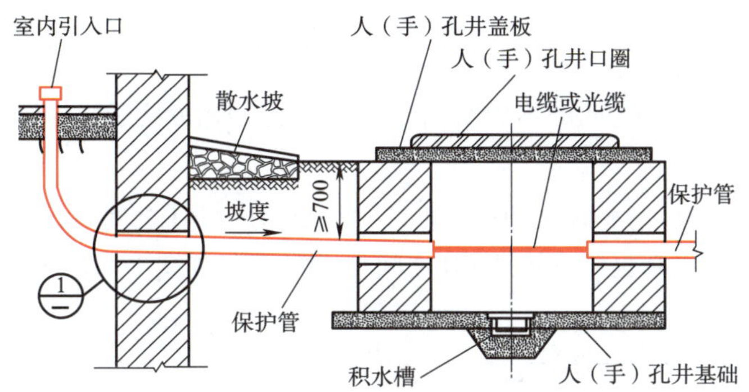

图 1-1-3　电缆或光缆通过人（手）孔井引入建筑物 2

（2）设计要求

①进线间应防止渗水，宜设有抽排水装置。

②进线间应与布线系统垂直竖井沟通。

③进线间应采用相应防火级别的防火门，门向外开，宽度不小于 1 m。

④进线间应设置防有害气体措施和通风装置，排风量按每小时不小于五次容积计算。

⑤进线间如安装配线设备和信息通信设施时，应符合设备安装设计的要求。

⑥与进线间无关的管道不宜通过。

7. 建筑群子系统

（1）概念

建筑群子系统也称楼宇子系统，主要实现楼与楼之间的通信连接，一般采用光缆并配置相应设备，它支持楼宇之间通信所需的硬件，包括缆线、端接设备和电气保护装置。在建筑群子系统中，室外缆线敷设方式一般有架空、直埋、管道和隧道四种情况。具体情况应根据现场的环境来决定。

（2）设计要求

设计时应考虑布线系统周围的环境，确定楼间传输介质和路由，并使线路长度符合相关网络标准规定。

三、综合布线系统基本链路结构与信道

1. 系统构成

综合布线系统的基本构成应包括配线子系统、干线子系统和建筑群子系统，如图 1-1-4 所示。其中建筑物内楼层配线设备缩写为 FD（floor distributor），建筑物配线设备缩写为 BD（building distributor），建筑群配线设备缩写为 CD（campus distributor），工作区信息插座缩写为 TO（telecommunications outlet）。其中，CP（consolidation point）集合点不是必要设置。

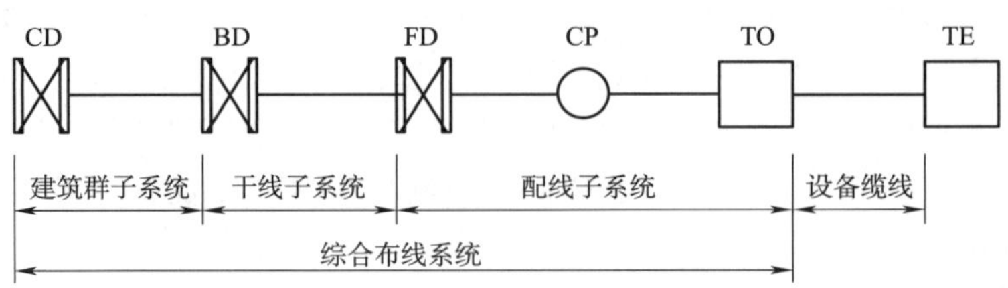

图 1-1-4　综合布线系统基本结构

⋈和⋈是表示配线设备的两种不同图例的绘制方法。⋈常见于国标，⋈常见于建筑设计院的设计、施工图纸。

综合布线各子系统中，建筑物内 FD 之间、不同建筑物的 BD 之间可建立直达路由。TO 可不经过 FD 直接连接至 BD，FD 也可不经过 BD 之间与 CD 互联，如图 1-1-5 所示。

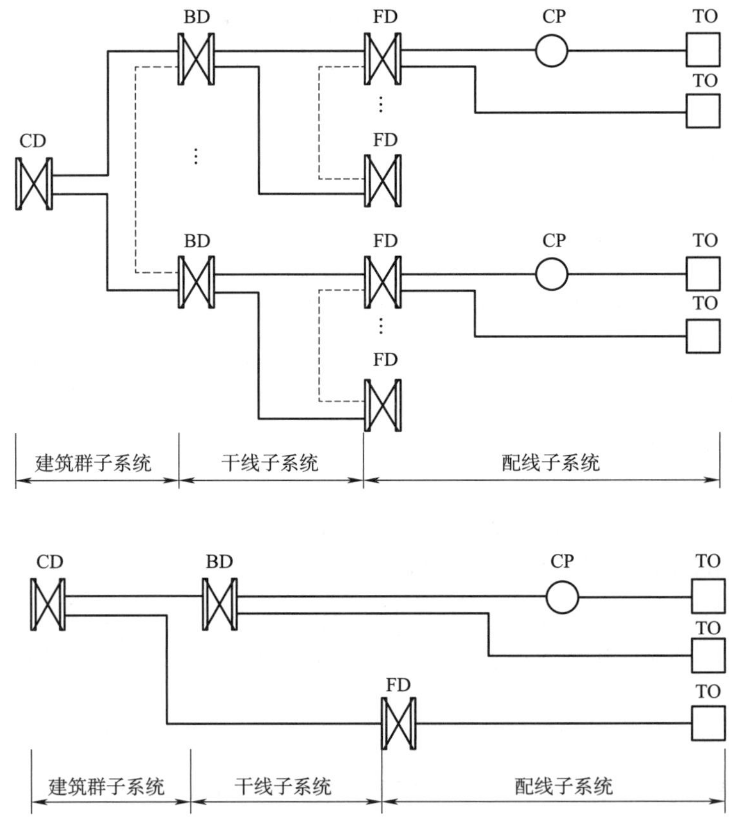

图 1-1-5　布线系统其他结构

2. 信道(channel)

国标中信道定义为连接两个应用设备的端到端的传输通道。在综合布线系统典型应用中，配线子系统一般由四对对绞电缆和电缆连接器件构成，干线子系统信道和建筑群子系统信道由光缆和光连接器件组成，将基本链路结构拆分为三段结构，如图 1-1-6 所示。

若干线子系统信道中 BD 不涉及连接设备，那么可采用国标中的二段结构信道构成，如图 1-1-7 所示；若干线子系统信道也采用四对对绞电缆和电缆连接器构成，那么也必须满足电缆布线系统信道长度的要求。

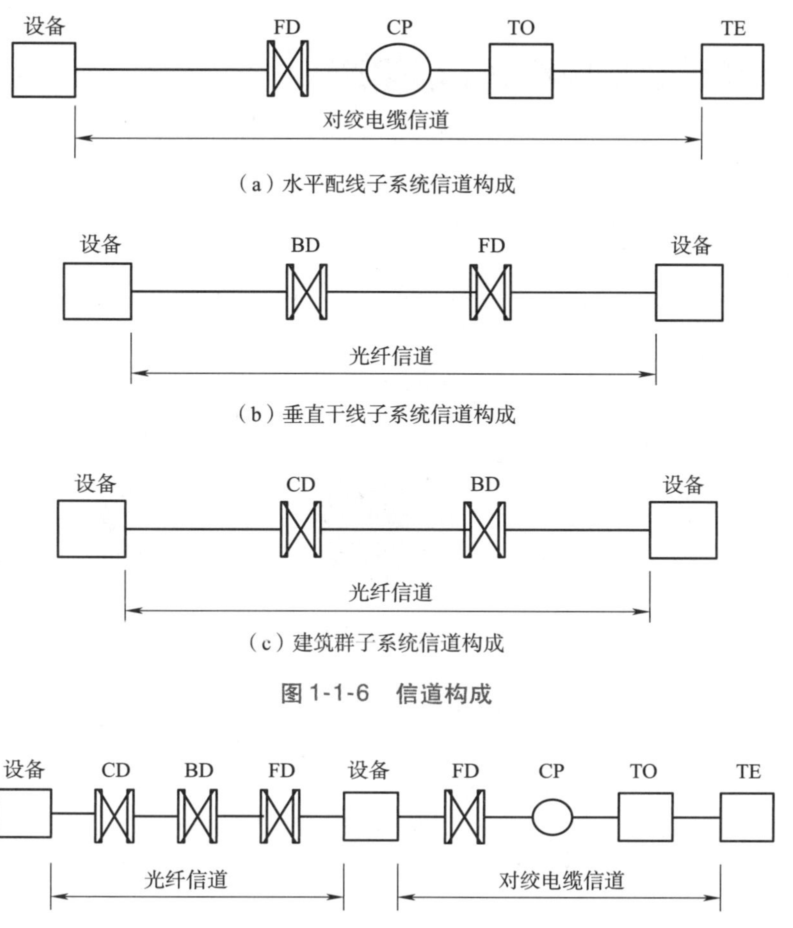

图 1-1-6　信道构成

图 1-1-7　多系统信道构成

电缆布线系统信道应由长度不大于 90 m 的水平线缆、10 m 的跳线和设备缆线及最多四个连接器件组成；永久链路则应由长度不大于 90 m 水平缆线及最多三个连接器件组成，如图 1-1-8 所示。配线子系统信道长度不得超过 100 m（含 CP 缆线在内）。

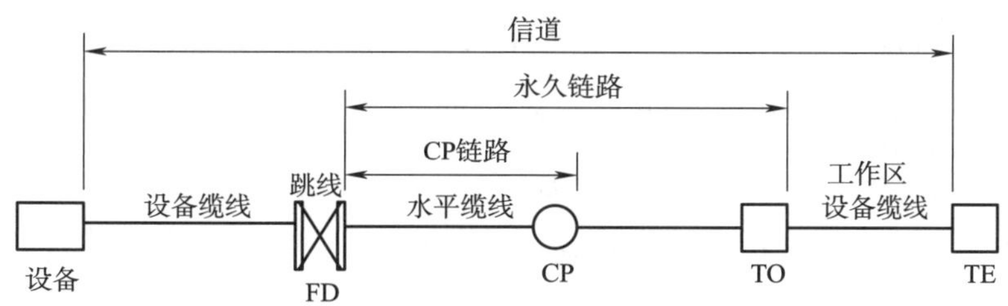

图 1-1-8　配线子系统信道长度分配

光纤信道分为 OF-300、OF-500 和 OF-2000 三个等级，各等级光纤信道应支持的应用长度不应小于 300 m、500 m 及 2 000 m。光纤信道中，水平光缆和主干光缆可直接在 FD 通过跳线连接构成光纤信道，也可在 FD 经接续（熔接或机械连接均可）互通构成光纤信道。

任务二　识读综合布线系统工程图纸①

任务目标

工作任务	(1)掌握弱电系统总图、弱电平面图的识读方法; (2)掌握机柜/架布局图的识读方法
任务要求	(1)能准确识别系统总图、弱电平面图中的元素; (2)能根据系统总图和弱电平面图核算工程量; (3)能准确识读机柜/架正反布局图,正确识别设备安装位置; (4)能根据信息点的数量计算管理间机柜容量并选择合适的机柜

任务准备

建筑物系统总图

一层弱电平面图

二～六层弱电平面图

请自行查阅资料,完成工作准备。

引导问题1:图纸元素释义,填写表1-2-1。

表1-2-1　图纸元素释义

图纸中元素	释　义
内网进线 24芯单模光缆/SC50-FC	
38-PC101004/CT-KBG25/CC,WC,FC	
LIU	
SW	
AHD	
TO *66	
TP *1	

引导问题2:请从图纸中找到垂直桥架,回答以下问题。

垂直桥架的规格:

楼板预留孔洞尺寸:

① 本任务所采用的图纸为某学校学生宿舍的电气施工图弱电部分,包含建筑物系统总图、一层弱电平面图、二～六层弱电平面图以及设备间机柜设备安装示意图(正、反)。

引导问题 3：请从图纸中找到水平桥架，回答以下问题。

水平桥架的规格：

____

引导问题 4：请查阅一层弱电平面图和二～六层弱电平面图，回答以下问题。

1. 一层网络信息点水平线缆敷设与二～六层网络信息点水平线缆敷设有何异同？

相同点：

____

____

不同点：

____

____

2. 采用面板的类型：

____

引导问题 5：请查阅建筑物系统总图、一层弱电平面图和二层弱电平面图，统计表 1-2-2 中器材的数量。

注：网络和语音同等对待①。

表 1-2-2　统计表

序号	器　材	数量	单位	备　注
1	86 型单口面板（含超五类信息模块）			其中 TO ________个，TP ________个
2	86 型暗装底盒			
3	AHD			

引导问题 6：将引导问题 5 的统计结果与建筑物系统总图对照，系统总图标注的数量是否有误？

□无误　　　　　有误□，正确的工程量是：

____

引导问题 7：查看某学生宿舍设备间机柜设备安装示意图（见图 1-2-1 及图 1-2-2），回答以下问题。

1. 释义盲板：

____

2. 48 芯室外光缆成端的配线架安装位置、法兰类型、高度：

____

3. 室内二～六层的管理间（电信间）至设备间的主干光缆的芯数及成端配线架安装位置：

____

4. 接地端子排安装位置：

____

① 考虑到 VoIP 的使用，近年综合布线系统工程中，网络和语音均采用四对双绞线和网络信息模块。

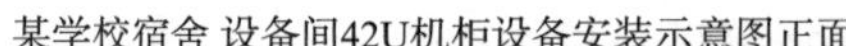

U位	设备	U位	说明
42	4U盲板	42	预留
41		41	预留
40		40	预留
39		39	预留
38	48口LC ODF配线架	38	48芯室外光缆进线
37		37	
36	理线架	36	
35	48口千兆光交换机	35	
34		34	
33	理线架	33	
32	48口LC ODF配线架	32	室内2~6层5根×8芯光缆
31		31	
30	1U盲板	30	
29	理线架	29	
28	52口千兆交换机	28	48电口+4光电复用口 一层接入交换机
27		27	
26	理线架	26	
25	24口千兆交换机	25	22电口+2光口一层接入交换机
24	理线架	24	
23	24口RJ-45模块化配线架	23	一层水平电缆配线
22	理线架	22	
21	24口RJ-45模块化配线架	21	一层水平电缆配线
20	理线架	20	
19	24口RJ-45模块化配线架	19	一层水平电缆配线
18	理线架	18	
17	8U盲板	17	预留
16		16	预留
15		15	预留
14		14	预留
13		13	预留
12		12	预留
11		11	预留
10		10	预留
9	8U盲板	9	预留
8		8	预留
7		7	预留
6		6	预留
5		5	预留
4		4	预留
3		3	预留
2		2	预留
1		1	预留

图 1-2-1　设备间机柜正面图

某学校宿舍 设备间42U机柜设备安装示意图反面

U	设备	U	说明
42		42	
41		41	
40		40	
39		39	
38		38	
37		37	
36		36	
35		35	
34		34	
33		33	
32		32	
31		31	
30		30	
29		29	
28		28	
27		27	
26		26	
25		25	
24	12位16A PDU	24	3芯航空插头，连接UPS
23		23	
22		22	
21		21	
20		20	
19		19	
18		18	
17		17	
16		16	
15		15	
14		14	
13		13	
12		12	
11		11	
10		10	
9		9	
8		8	
7		7	
6		6	
5	机柜接地汇流排	5	机柜、配线架、交换机接地端子排
4		4	
3		3	
2		2	
1		1	

图 1-2-2　设备间机柜背面图

5. 释义 PDU：

---

6. 机柜内 PDU 的安装位置：

技能训练

技能训练 1：根据引导问题 5 和建筑物系统总图，请你计算出一～六层管理间（电信间）所需配线架的类型和数量，填入表 1-2-3 中。

表 1-2-3　配线架数量统计表

楼　层	配线架型号	数　量	单　位
1			
2			
3			
4			
5			
6			

技能训练 2：根据引导问题 5 的统计结果和建筑物系统总图，请你为一～六层管理间（电信间）选择合适的机柜，填入表 1-2-4 中。

表 1-2-4　机柜选用表

楼　层	机柜型号	数　量	单　位
1			
2			
3			
4			
5			
6			

小提示：从配线架、理线架、设备的选用以及预留空间三方面考虑。

技能训练 3：根据引导问题 5，参考一层弱电平面图及二～六层弱电平面图，计算并统计该学生宿舍综合布线系统工程网络部分的工程量清单（主材），填入表 1-2-5 中。

表 1-2-5　主材统计表

序　号	器材名称	型号或规格	数　量	单　位

考核与评价

请作业人员、小组成员和教师依据表 1-2-6 完成本次任务考核。

表 1-2-6　考核赋分表

评价项目	评价内容	分值	评价分数		
			自评	互评	师评
职业素养 50%	穿戴规范、整洁	5			
	安全生产(若使用计算机机房) ①注意用电安全;(5) ②不登录非法网站;(5) ③未经管理员同意,不擅自安装软件;(5) ④不使用来历不明的 U 盘(5)	20			
	作业规范 ①正确开关计算机;(5) ②下课后,计算机及附属设备恢复如初(5)	10			
	劳动精神 ①保持计算机机房卫生;(5) ②整理个人工位(5)	10			
	积极参与自评和小组互评(5)	5			
专业能力 50%	利用教材、在线学习平台、互联网等方式查找专业知识	10			
	积极参加教学活动,及时完成工作活页	10			
	表 1-2-3 配线架数量统计表: 电信间配线架数量计算正确	10			
	表 1-2-4 机柜选用表: ①机柜容量计算正确;(5) ②选用合理(5)	10			
	表 1-2-5 主材统计表:统计主材不少于 8 项	10			

续表

评价项目	评价内容	分值	评价分数		
			自评	互评	师评
总评	自评得分:________互评得分:________师评得分:________ 自评×20%+互评×20%+师评×60% ≥85分优秀,≥75分良好,≥65分合格	综合得分			
		综合评价			

相关知识

一、机柜布置图

机柜设备安装示意图

认识机柜(视频)

认识机柜(文本)

1. 机柜与机柜容量

机柜是用来安装配线设备、网络设备、服务器等设备的容器,材质一般为冷轧钢板,能对安装在其中的设备进行保护,屏蔽电磁干扰。施工时,在机柜内有序、整齐地排列设备以及整理线缆,便于后期对机柜内的设备、线缆进行维护。

(1)机柜外形尺寸

机柜(或机架)规定的尺寸是服务器(或理线架、配线架、PDU)的宽(48.26 cm=19英寸)与高(4.445 cm的倍数)。由于宽为19英寸,所以将满足这一规定的机柜(或机架)称为"19英寸机柜(或机架)"。高度以4.445 cm为基本单位,所谓1U就是4.445 cm。

机柜常分为网络机柜和服务器机柜。服务器机柜由于要考虑机架式服务器的安装,较之网络机柜会更深。常见机柜尺寸见表1-2-7。

表1-2-7　常见机柜尺寸

名　称	规　格	宽×深×高(mm×mm×mm)
网络/服务器机柜	20U	600(或800)×(600~1 200)×1 000
	24U	600(或800)×(600~1 200)×1 200
	29U	600(或800)×(600~1 200)×1 400
	33U	600(或800)×(600~1 200)×1 600
	36U	600(或800)×(600~1 200)×1 750
	38U	600(或800)×(600~1 200)×1 800
	42U	600(或800)×(600~1 200)×2 000
	47U	600(或800)×(600~1 200)×2 200
标准机柜	18U	600(或800)×600(或800)×900
	22U	600(或800)×600(或800)×1 150
	24U	600(或800)×600(或800)×1 200
	27U	600(或800)×600(或800)×1 400
	32U	600(或800)×600(或800)×1 600
	36U	600(或800)×600(或800)×1 750
	38U	600(或800)×600(或800)×1 800
	42U	600(或800)×600(或800)×2 000
	47U	600(或800)×600(或800)×2 200

续表

名　称	规　格	宽×深×高(mm×mm×mm)
标准机柜	50U	600(或800)×600(或800)×2 400
	54U	600(或800)×600(或800)×2 600
壁挂机柜	6U	(500~600)×(420~550)×370
	9U	(500~600)×(420~550)×500
	12U	(500~600)×(420~550)×650
	15U	(500~600)×(420~550)×800
	18U	(500~600)×(420~550)×900
	22U	(500~600)×(420~550)×1 150
	24U	(500~600)×(420~550)×1 200

机柜一般根据安装方式的不同,分为壁挂式和落地式,常见机柜如图1-2-3所示。机柜内的主要配件为预安装的散热风扇、承重层板(托盘)、盲板、PDU(电源分配器)等。根据机柜内安装设备的功率大小一般有32 A、16 A的PDU,一些厂商还提供了具有网络监测功能的智能PDU,如图1-2-4所示。

(a)壁挂式网络机柜

(b)落地式网络机柜

(c)服务器机柜

图1-2-3　网络机柜

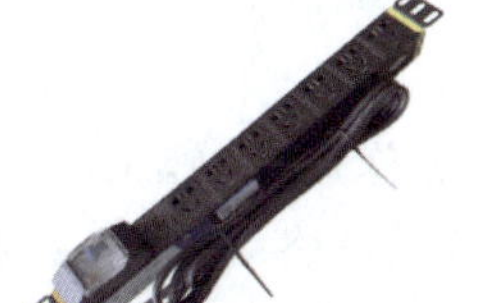

(a)普通16A PDU

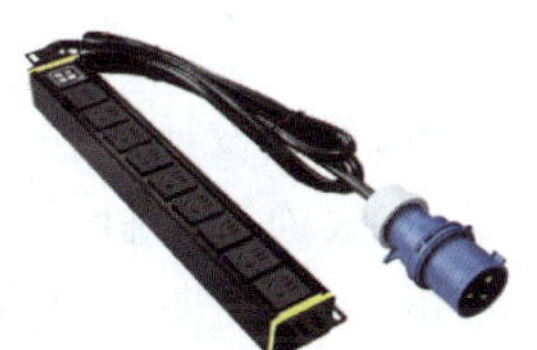

(b)32A工业连接器接头的PDU

(c)智能PDU

图1-2-4　PDU

(2)机柜容量计算

机柜容量主要由交换路由设备、配线设备、预留空间等决定,常用网络交换机、配线设备高度见表1-2-8。主要计算依据:

①光纤配线架的端口数量由进入机柜的光缆数量和其芯数决定。

②四对双绞线RJ-45型配线架由进入机柜的四对双绞线(或楼层信息点)数量(记为N)决定,配线架的数量(记为M) = N÷(配线规格:24或48)。例如:

楼层信息点的数量N为130,使用48口配线架的数量$M=130\div48\approx2.7$,向上取整后$M=3$;若使用24口配线架,则$M=130\div24\approx5.4$,向上取整后$M=6$。

③理线架[①]的数量一般与交换机、配线架的数量一一对应。

表 1-2-8　常用网络交换机、配线设备高度

设备名称	规　格	设备高度	设备名称	规　格	设备高度
网络交换机	24 口	1U	网络交换机	48 口	2U
LC 光纤配线架	24 口双工	1U	LC 光纤配线架	48 口双工	2U
LC 光纤配线架(高密度)	48 口双工	1U	SC 光纤配线架	48 口单工	2U
SC 光纤配线架	24 口单工	1U	线缆管理器	—	1U、2U
RJ-45 型配线架	24 口	1U	RJ-45 型配线架	48 口	2U
IDC 型配线架	100 对	1U	电源分配器(PDU)	4～12 个[②]单项电源插座	1U
110 型配线架	200 对	1U			

2. 网络机柜设备布置图

网络机柜设备布置图(或网络机柜设备安装示意图)是指在网络机柜内部安装和布置网络设备的示意图。机柜布置图通常将机柜分为上下两个部分,服务器机柜上部通常安装交换机和路由器等设备,下部安装服务器和存储设备等设备;网络机柜上部通常安装电源、配线架等设备,下部安装交换机、路由器等设备。

设备安装的实际位置应根据需求进行评估和决定,以确保网络设备安装整齐有序,设备运行稳定可靠,一般由通信线缆的进线方式、电源供电方式、机柜散热方式、设备安装密度等决定。网络机柜设备布置图仅作为网络机柜内部设备安装位置的使用,与设备的外观未必一致。在实际工程中,网络机柜设备布置图可用 CAD、MS Visio、表格等软件绘制,分正反两面,正面规划网络设备、配线架、预留(散热)等位置,反面规划接地汇流排、PDU 等位置。

二、综合布线系统施工图

综合布线系统施工图常归类在电气图纸,一般由说明及图例、系统(总)图、施工平面图、施工立面图[③]等组成。

说明及图例部分主要是介绍项目的建设背景、设计依据、系统(总)图和施工图中的图例。系统(总)图主要介绍线缆的规格、布放方式,布线通道的材质、规格以及终端的类型、数量等信息。施工平面图和施工立面图是指导现场作业的主要依据,一般包括信息点数量和位置、线缆规格和数量、线缆路由、布线通道规格、布线通道路由、设备间位置、设备间机柜规格和布置、管理间(电信间)位置、管理间(电信间)机柜规格等信息。通过施工平面图和施工立面图可详细统计综合布线系统工程量。

---

① 理线架即为线缆管理器的一种。

② 国家建筑标准设计图集《综合布线系统工程设计与施工》(20X101-3)中标记为"4～8 个",设备商已生产出 10 位和 12 位的 PDU,一般采用竖直安装方式,而常规的 PDU 一般采用水平安装方式。

③ 施工立面图是非必要图纸,大多是对信息点安装位置有精确要求或是后期装饰装修有特殊要求时提供。

模块二

综合布线系统工程基本施工技能训练

综合布线系统工程中使用的器材主要有信息插座面板、信息模块、传输介质(四对双绞线电缆、大对数双绞线电缆、光缆等)、配线架、跳线、机柜、线槽、线管和桥架等。

通过对本模块的学习训练,学生应熟练掌握工机具规范、安全的使用;熟练掌握常见铜缆的配线、端接工艺;熟练掌握常见光缆的配线、端接、接续工艺;熟练掌握 PVC 管槽的基本成型工艺。

学习目标

【素质目标】

(1)具备安全用电的意识;

(2)具备规范、安全使用工机具的意识和能力;

(3)具备团队合作的意识;

(4)具备环保意识。

【知识目标】

(1)熟悉双绞线电缆,并能正确识别、选用;

(2)熟悉光缆,并能正确识别选用;

(3)熟悉不同类型布线通道,并掌握其规范的安装方式。

【能力目标】

(1)能正确使用工具,规范地完成双绞线电缆的配线、端接;

(2)能正确使用工具,规范地完成各类光缆的成端、接续;

(3)能正确使用工具,规范地完成 PVC 线槽、线管的成型。

任务一　制作 Cat. 5e U/UTP 双绞线跳线

任务目标

工作任务	每人制作三根 Cat. 5e U/UTP 双绞线跳线
任务要求	(1)按照 ANSI/TIA/EIA 568B 标准线序制作; (2)三根 Cat. 5e U/UTP 双绞线,长度为 30 cm; (3)成品中至少一根跳线(含 RJ-45 水晶头)的长度符合(30 ± 1)cm。

终端与信息插座的连接、设备连接配线架、设备与设备的连接均要用到连接跳线，如图 2-1-1 和图 2-1-2 所示。

图 2-1-1　连接墙面信息插座

图 2-1-2　连接配线架

双绞线跳线的制作是信息通信网络线务员[①]必须掌握的基本施工技能之一，也是中华人民共和国职业技能大赛和世界技能大赛信息网络布线赛项中铜缆链路速度竞赛的比赛项目。

小提示：世界技能大赛与信息网络布线赛项

世界技能大赛（world skills competition，WSC）是被誉为“世界技能奥林匹克”，其竞技水平代表了职业技能发展的世界先进水平，是世界技能组织成员展示和交流职业技能的重要平台。信息网络布线（information network cabling）项目属于信息与网络技术类，2005 年在第 38 届世界技能大赛上列为正式赛项。

任务准备

请自行查阅资料，完成以下工作。

引导问题 1： 写出四对双绞线跳线制作的两种线序：ANSI/TIA/EIA 568A 和 ANSI/TIA/EIA 568B 标准线序。

TIA/EIA 568A 线序：______________________________

TIA/EIA 568B 线序：______________________________

小提示： ANSI/TIA/EIA568A 和 ANSI/TIA/EIA 568B 标准线序。

ANSI/TIA/EIA568A 和 ANSI/TIA/EIA 568B 标准线序是 RJ-45 水晶头端接（跳线制作）过程中遵循的重要标准。ANSI/TIA/EIA 568A 标准：绿白、绿、橙白、蓝、蓝白、橙、棕白、棕；ANSI/TIA/EIA 568B 标准：橙白、橙、绿白、蓝、蓝白、绿、棕白、棕，如图 2-1-3 所示。

---

① 信息通信网络线务员职业分为通信网络电缆线务员、天线线务员、宽带接入装维员、综合布线装维员、光缆线务员、信息通信网络施工员。

当双绞线两端使用的是同一个标准时，为直连线，也称直通线，用于连接计算机与交换机，如图 2-1-4 所示；当双绞线两端分别使用不同的标准时，为交叉线，可用于连接终端，如计算机与计算机，如图 2-1-5 所示。

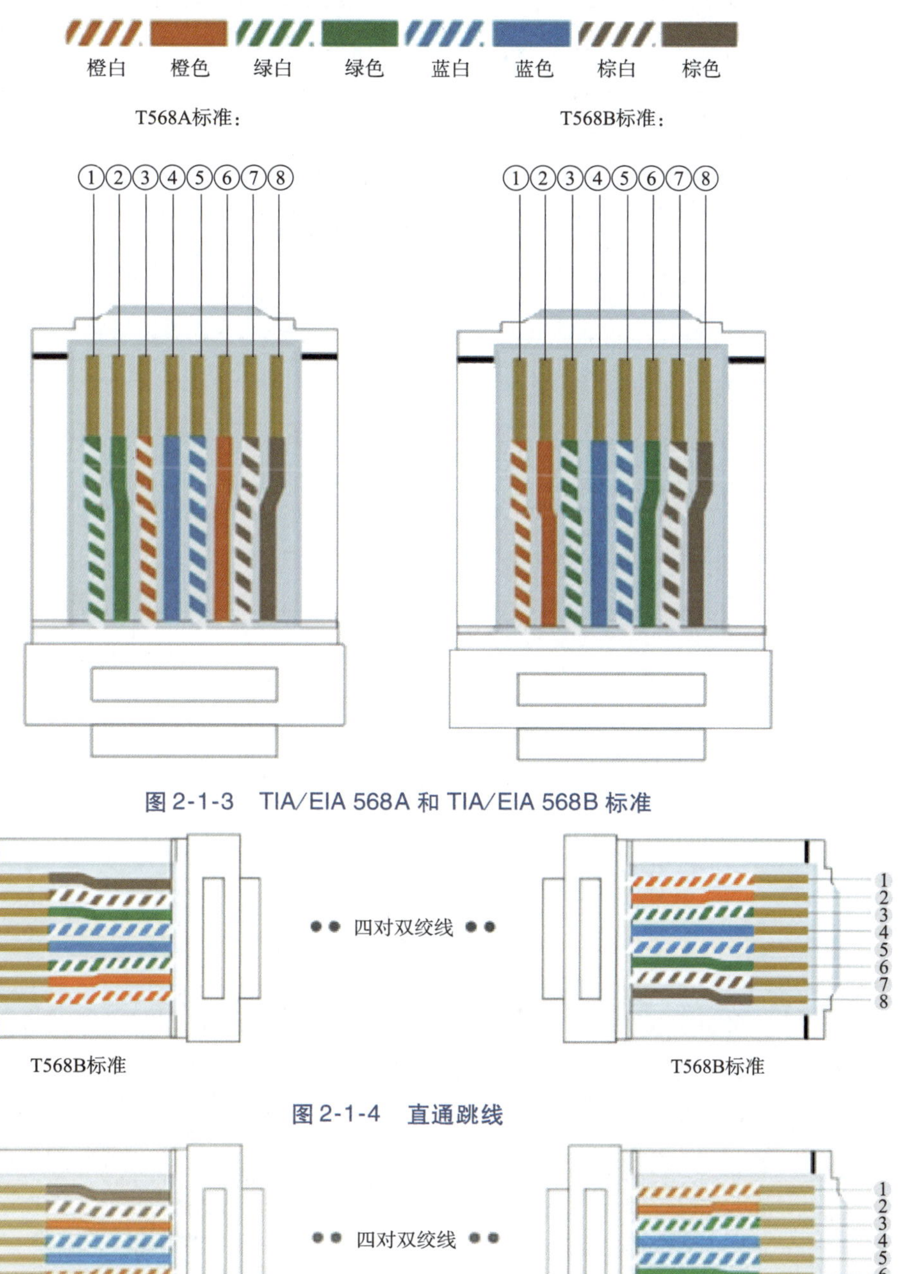

图 2-1-3　TIA/EIA 568A 和 TIA/EIA 568B 标准

图 2-1-4　直通跳线

图 2-1-5　交叉跳线

引导问题2：器材准备。填写任务所需要的器材选用表（见表2-1-1）。

表2-1-1　器材选用表

序　号	器材名称	器材型号	数　量	单　位

引导问题3：工机具准备。填写任务所需要的工机具选用表（见表2-1-2）。

表2-1-2　工机具选用表

序　号	工机具名称	功　能

引导问题4：RJ-45水晶头端接的原理。

小提示：RJ-45水晶头压接原理。

利用压线钳的机械压力使RJ-45头中的铜合金刀片首先压破芯线绝缘护套，然后压入铜线芯中，实现铜合金刀片与芯线的电气连接，如图2-1-6和图2-1-7所示。

图2-1-6　压接前的水晶头

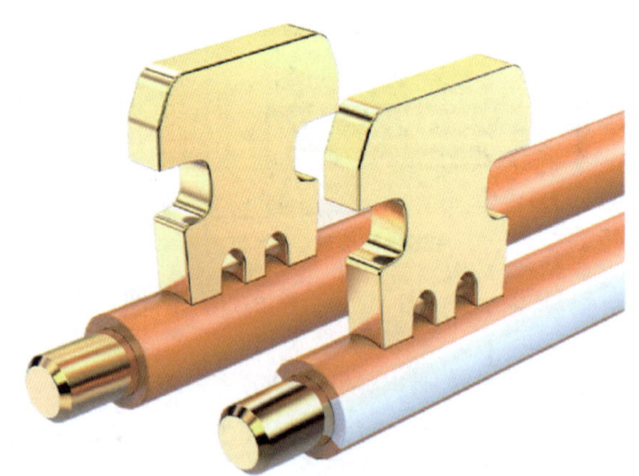

图2-1-7　压接后的铜合金刀片

每个RJ-45头中有八个铜合金刀片，每个铜合金刀片与一个线芯连接。注意观察压接后八个铜合金刀片比压接前低，形成八个小凹槽，用于连接固定RJ-45口的铜合金弹丝。

引导问题 5：简述 6S 管理内容。

技能训练

小提示：作业安全注意事项。

（1）工作时请穿好工服、安全鞋，戴好护目镜、半指手套；

（2）严格遵守劳动纪律，不得随意打闹，严禁手持工机具打闹；

（3）进入施工工地必须佩戴安全帽；

（4）在户外施工时必须放置警示标识，必要时穿戴反光衣；

（5）递送工机具时，不得尖头朝人，需确认拿稳后再放手；

（6）某项工作需要多人共同作业时，应注意相互间的协调一致；

（7）登高作业时，必须设置专人防护，确认登高梯（或脚手架）稳固，防松、防倒措施良好；不得有抛递工具等违规作业行为。

技能训练 1：请遵循表 2-1-3 的作业步骤完成工作任务。

非屏蔽 Cat. 5e RJ-45 水晶头端接

非屏蔽 Cat. 5e RJ-45 水晶头端接作业指导书

表 2-1-3　作业步骤

作业步骤	作业内容及标准	完成任务
作业前准备	做好作业前准备工作：穿好实训服、佩戴好劳保用品、领取器材和工机具等	①填写表 2-1-1 器材选用表； ②填写表 2-1-2 工机具选用表； ③根据器材选用表领用作业器材； ④根据工机具选用表领用作业工机具
剥线	使用剥线刀或压线钳的剥线口剥除双绞线外护套约 20 mm；剪去撕拉线/绳； 观察芯线是否受损。 **注意：**剥线后检查芯线，如发现芯线绝缘护套受损应重新开缆	
整理	按照 EIA/TIA 568B 标准整理线序。 EIA/TIA 568B 标准线序： 橙白、橙、绿白、蓝、蓝白、绿、棕白、棕	
剪线	剪去多余线头，留下 13 mm； 确保双绞线开绞长度不大于 13 mm①	

① 中国建筑标准设计研究院，国家建筑标准设计图集（20X101-3）《综合布线系统工程设计与施工》第 5、6 页规定：终接时，每对对绞线应保持扭绞状态，扭绞松开长度对于 3 类电缆不应大于 75 mm；对于 5 类电缆不应大于 13 mm；对于 6 类及以上类别的电缆不应大于 6. 4 mm。

续表

作业步骤	作业内容及标准	完成任务
插入	将整理好的双绞线插入水晶头中	
检查	通过水晶头侧面及正面观察，确认芯线插入到位、外护套插入到位	
压接	检查无误后，使用网络压线钳的8P口压接水晶头	
制作另一端	重复剥线和压接，完成双绞线另一端的制作	
测试	使用网络测线仪对双绞线跳线进行测通测试。若编号为1~8的灯依次对应亮起，则测通测试良好	完成一根非屏蔽双绞线的跳线制作
任务结束	重复上述步骤依次制作余下两根非屏蔽双绞线的跳线； 使用卷尺测量双绞线完整长度（含RJ-45水晶头），确保至少有一根符合（300±10）mm	①完成三根非屏蔽双绞线的跳线制作； ②整理工机具； ③完成作业现场的整理与清扫； ④填写作业（施工）日志

技能训练2：作业（施工）日志填写。根据施工进程，填写作业（施工）日志（见表2-1-4）。

表2-1-4　作业（施工）日志

任务名称				
作业日期	____年____月____日星期____		作业地点（或工位号）	
作业人员				

作业前准备工作：
注：从着装开始，梳理作业的准备工作，完成相应的引导问题并确认以下四项内容，确认后打√

□着装检查符合要求	□器材领用与检查	□设备领用与检查	□工机具领用与检查

其他准备工作：

安全风险控制：

作业中存在的问题及解决方法：

任务完成进度和质量：

考核与评价

请作业人员、小组成员和教师依据表2-1-5完成本次任务考核。

表 2-1-5　考核赋分表

评价项目	评价内容	分值	评价分数		
			自评	互评	师评
职业素养 40%	穿戴规范、整洁： ①衣着得体大方、整洁；(2) ②穿戴符合安全生产要求(3)	5			
	安全意识、责任意识： ①工机具摆放合理，符合安全生产要求；(2) ②作业过程中穿戴好防护用具(3)	5			
	积极参加教学活动，及时完成工作活页： ①课前完成准备阶段活页填写；(3) ②课中完成实施阶段活页填写；(4) ③内容填写规范，用语标准、描述准确(3)	10			
	团队合作能力： ①工机具协商分配使用；(3) ②工机具分配流程合理(2)	5			
	劳动纪律： ①现场施工秩序良好；(2) ②不跨工位操作；(1) ③不随意走动、聊天(2)	5			
	生产现场 6S 管理： ①现场工机具、器材、设备摆放合理、整齐；(2) ②保持施工现场的整洁；(2) ③施工有序、规范操作；(2) ④施工完毕后，工机具整理、现场清扫与整理；(2) ⑤将施工垃圾分类，并清扫(2)	10			
专业能力 60%	自行查找专业知识： 能通过教材、在线教学平台、互联网查找相关知识，并使用标准用语或标准符号填写活页(10)	10			
	作业（或施工）过程规范： ①工序正确；(2) ②工机具使用规范；(2) ③不踩踏器材、工机具(1)	5			
	操作熟练度和工作效率： ①能熟练使用压线钳压接 RJ-45 水晶头；(2) ②相关标准和工艺熟记；(2) ③施工进度符合要求(1)	5			
	项目验收： ①项目完成度；(5) ②RJ-45 水晶头端接符合要求；(15) ③端接完成后的跳线长度符合(30 ± 1) cm：1 根(5)、2 根(10)、3 根(15)； ④现场整洁(5)	40			
总评	自评得分：________互评得分：________师评得分：________ 自评 ×20% + 互评 ×20% + 师评 ×60% ≥85 分优秀，≥75 分良好，≥65 分合格	综合得分			
		综合评价			

相关知识

一、6S管理介绍[①]

6S即整理(seiri)、整顿(seiton)、清扫(seiso)、清洁(seiketsu)、素养(shitsuke)、安全(security)。因各单词都以"S"开头,所以简称6S现场管理。

1. 整理

含义:将工作场所的任何物品区分为有必要和没有必要的,除了有必要的留下来,其他的都消除掉。

目的:腾出空间,空间活用,防止误用,塑造清爽的工作场所。

2. 整顿

含义:把留下来的必要用的物品依规定位置摆放,并放置整齐加以标识。

目的:工作场所一目了然,减少寻找物品的时间,营造整整齐齐的工作环境,消除过多的积压物品。

3. 清扫

含义:将工作场所内看得见与看不见的地方清扫干净,保持工作场所整洁的环境。

目的:稳定品质,减少工业伤害。

4. 清洁

含义:将整理、整顿、清扫进行到底,并且制度化,经常保持环境处在美观的状态。

目的:创造明朗现场,维持上面3S成果。

5. 素养

含义:每位成员养成良好的习惯,并遵守规则做事,培养积极主动的精神(也称习惯性)。

目的:培养良好习惯、遵守规则的员工,营造团队精神。

6. 安全

含义:重视成员安全教育,时刻都有安全第一观念,防患于未然。

目的:建立起安全生产的环境,所有的工作应建立在安全的前提下。

认识四对双绞线及其连接器件

二、双绞线介绍

(一)双绞线

双绞线(twisted pair)是由一对或者一对以上的相互绝缘的导线按照一定的规格互相缠绕在一起而制成的一种传输介质,属于信息通信网络传输介质。任何材质的绝缘导线绞合在一起都可以称为双绞线,实际使用时,双绞线是由多对双绞线一起包在一个绝缘电缆套管里的。典型的双绞线有一对的,有四对的,也有更多对双绞线放在一个电缆套管里的,称为双绞线电缆。双绞线一个扭绞周期的长度称为节距,节距越小,抗干扰能力越强。

(二)双绞线分类

1. 双绞线分类

根据国标GB 50311—2016,综合布线电缆布线系统的分级与类别划分应符合表2-1-6的规

① 有管理者添加了"节约(saving)"内容,并重新命名为7S。

定。5、6、6A、7、7A 类布线系统应能支持向下兼容的应用。

表 2-1-6　综合布线电缆布线系统的分级与类别

系统分级	系统产品类别	支持最高带宽	支持应用器件		最佳传输速率
			电缆	连接硬件	
A	—	100 kHz	—	—	—
B	—	1 MHz	—	—	—
C	3 类(大对数)	16 MHz	3 类	3 类	10 Mbit/s
D	5 类[①](屏蔽和非屏蔽)	100 MHz	5 类	5 类	100 Mbit/s
E	6 类(屏蔽和非屏蔽)	250 MHz	6 类	6 类	1 Gbit/s
EA	6A 类(屏蔽和非屏蔽)	500 MHz	6A 类	6A 类	1 Gbit/s
F	7 类(屏蔽)	600 MHz	7 类	7 类	10 Gbit/s
FA	7A 类(屏蔽)	1 000 MHz	7A 类	7A 类	10 Gbit/s

2. 非屏蔽双绞线与屏蔽双绞线

①U/UTP 双绞线:即通常意义的非屏蔽双绞线,常简称 UTP,如图 2-1-8 和图 2-1-9 所示。主要是 5 类和 6 类双绞线。

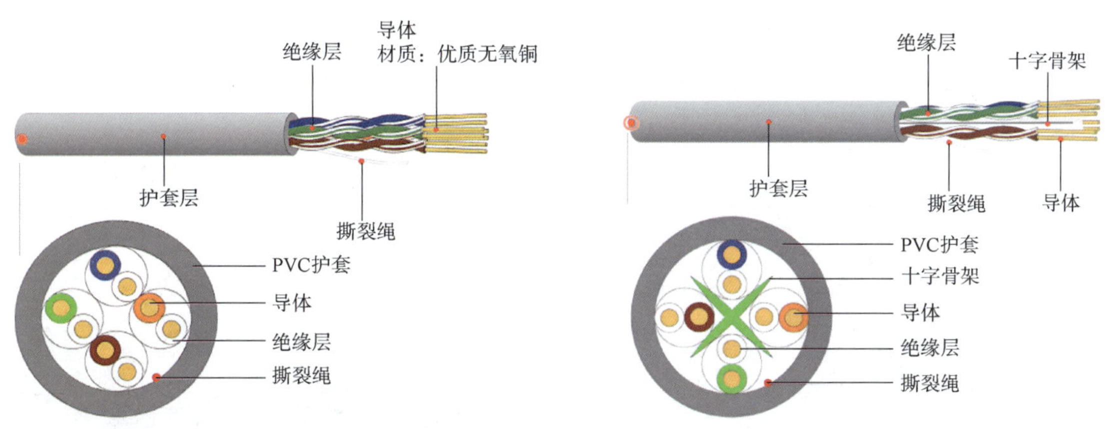

图 2-1-8　Cat. 5 U/UTP 双绞线　　图 2-1-9　Cat. 6 U/UTP 双绞线

②F/UTP 双绞线:总屏蔽层为铝箔屏蔽,没有线对屏蔽层的屏蔽双绞线,常简称 FTP,如图 2-1-10 所示。铝箔总屏蔽屏蔽双绞线(F/UTP)是最传统的屏蔽双绞线,主要用于将八芯双绞线与外部电磁场隔离,对线对之间电磁干扰没有作用。F/UTP 双绞线在八芯双绞线外层包裹了一层铝箔。即在八根芯线外、护套内有一层铝箔,在铝箔的导电面上铺设了一根接地导线。F/UTP 双绞线广泛应用于超5 类、6 类屏蔽双绞线。

③U/FTP 双绞线:没有总屏蔽层,线对屏蔽为铝箔屏蔽的屏蔽双绞线,如图 2-1-11 所示。线对屏蔽双绞线(U/FTP)的屏蔽层同样由铝箔和接地导线组成,所不同的是:铝箔层分有四张,分别包裹四个线对,切断了每个线对之间电磁干扰途径。因此,它除了可以抵御外来的电磁干扰外,还可以对抗线对之间的电磁干扰(串扰)。U/FTP 双绞线主要用于超 5 类和 6 类屏蔽双绞线。

① 5e 类(超五类)铜缆的传输速率也可达 1 000 Mbit/s。

④SF/UTP 双绞线:总屏蔽层为丝网+铝箔的双重屏蔽,线对没有屏蔽的双重屏蔽双绞线,有时也称 STP,如图 2-1-12 所示。SF/UTP 屏蔽双绞线的总屏蔽层为铝箔+铜丝网,它不需要接地导线作为引流线:铜丝网具有很好的韧性,不易折断,因此,它本身就可以作为铝箔层的引流线,如果铝箔层断裂,丝网将起到将铝箔层继续连接的作用。SF/UTP 双绞线在四个双绞线的线对上,没有各自的屏蔽层,属于仅有总屏蔽层的屏蔽双绞线。SF/UTP 双绞线主要应用于 6 类屏蔽双绞线。

⑤S/FTP 双绞线:总屏蔽层为丝网,线对屏蔽为铝箔屏蔽的双重屏蔽双绞线,如图 2-1-13 所示。S/FTP 屏蔽双绞线主要应用于 6 类、7 类屏蔽双绞线。

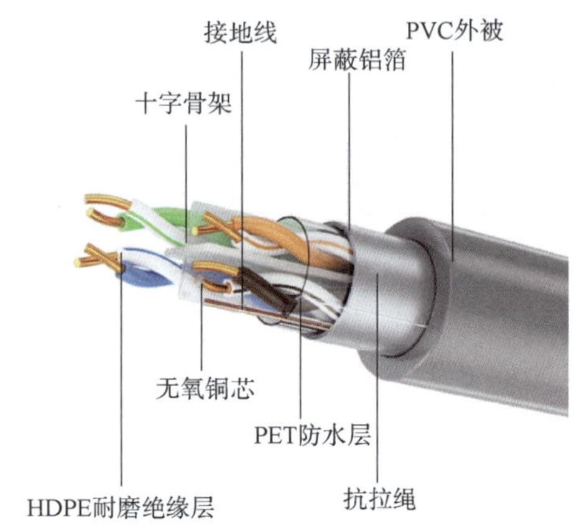

图 2-1-10　Cat. 6 F/UTP 双绞线

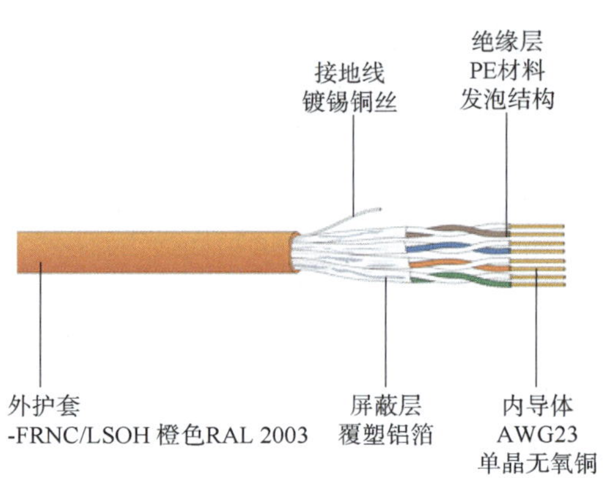

图 2-1-11　Cat. 6 U/FTP 双绞线

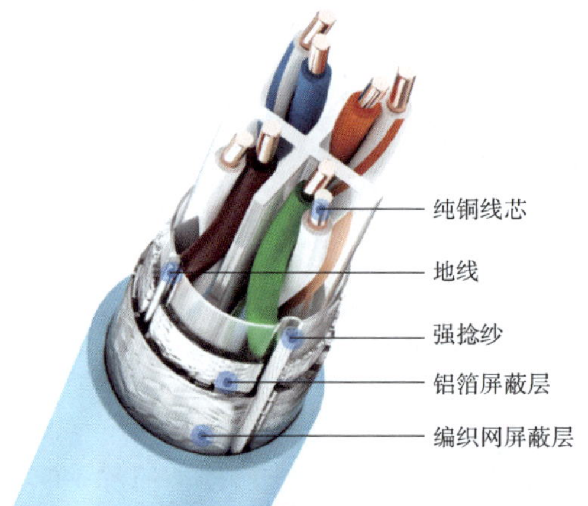

图 2-1-12　Cat. 6 SF/UTP 双绞线

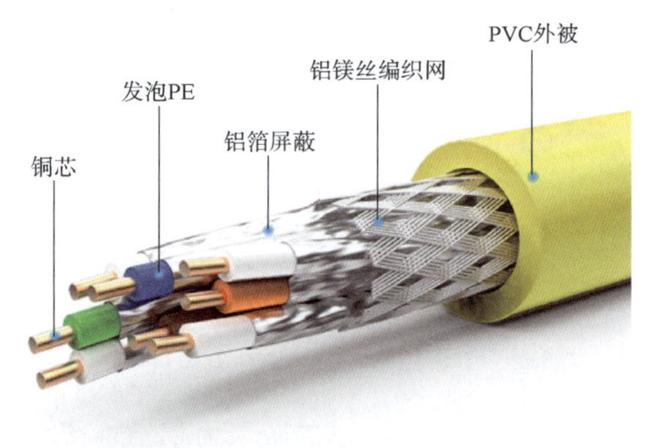

图 2-1-13　Cat. 7 S/FTP 双绞线

3. 屏蔽布线系统需要注意的事项

依据 GB 50311—2016 有关屏蔽布线系统的选用应符合以下规定:

(1)当综合布线区域内存在的电磁干扰场强低于 3 V/m 时,宜采用非屏蔽电缆和非屏蔽配线设备。

(2)当综合布线区域内存在的电磁干扰场强高于 3 V/m 时,或用户对电磁兼容性有电磁干扰和防信息泄漏等较高的要求时,或有网络安全保密的需要时,可采用屏蔽布线系统和光缆布线系统。

(3)当综合布线路由上存在干扰源,且不能满足最小净距要求时,宜采用屏蔽布线系统及光缆布线系统。

(4)当布线环境温度影响到非屏蔽布线系统的传输距离时,宜采用屏蔽布线系统。

屏蔽布线系统应选用相互适应的屏蔽电缆和连接器件,采用的电缆、连接器件、跳线、设备电缆都应是屏蔽的,并应保持信道屏蔽层的连续性与导通性。

4. 双绞线的主要参数识别

市场上符合国标的双绞线主要单位是箱(或卷),一般一箱(或卷)的长度是 305 m(1 000 英尺)。双绞线在生产过程中,每间距 1 m 在双绞线外护套上喷绘双绞线的生产厂商、生产时间、当前的米标和关键技术参数,如图 2-1-14 所示。米标处的关键技术参数的含义见表 2-1-7。

表 2-1-7 线缆技术参数识别

技术参数	含 义
10 GBPS	线缆稳定传输速率为 10 GPBS
500 MHz	线缆最高支持带宽为 500 MHz
4PR	四对双绞线
23AWG	公制:线径不得低于(0. 57 ±0. 02)mm(其他规格自行参阅 AWG 与国标线径对照表)
Cat. 6A	线缆为 EA 级,超 6 类
LSZH	线缆护套为低烟无卤材料(low smoke zero halogen)
YD/T 1019—2023	电缆制造依据标准:YD/T 1019—2023《数字通信用聚烯烃水平对绞电缆》
S/FTP	总屏蔽层为丝网,线对屏蔽为铝箔屏蔽的双重屏蔽双绞线

图 2-1-14 线缆米标处的技术参数

三、RJ-45 水晶头介绍

1. RJ-45 水晶头基本介绍

RJ-45 水晶头由铜合金刀片和塑料外壳构成,其前端有八个凹槽,简称 8P(position,位置),凹槽内有八个金属触点,简称 8C(contact,触点),因此 RJ-45 水晶头又称 8P8C 接头,如图 2-1-15 和图 2-1-16 所示。

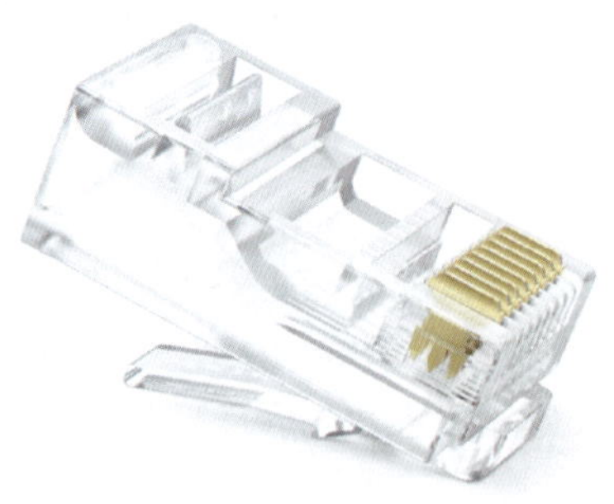

图 2-1-15　Cat. 5e RJ-45 水晶头

图 2-1-16　Cat. 5e RJ-45 屏蔽水晶头

为保证 RJ-45 水晶头电气连接的可靠性，避免铜合金刀片氧化，RJ-45 水晶头的铜合金刀片常镀金处理（镀金的厚度单位为 U）。

2. RJ-45 水晶头分类方法

（1）按布线等级分类：Cat. 5e、Cat. 6、Cat. 6A、Cat. 7 等；

（2）按是否有屏蔽分类：屏蔽水晶头、非屏蔽水晶头等；

（3）按打接方法分类：压接式水晶头、免打式水晶头（常为 Cat. 6 以上的屏蔽水晶头）。

跳线制作时，要根据双绞线的规格选择合适的 RJ-45 水晶头。例如，Cat. 6 屏蔽双绞线制作跳线时需选用 Cat. 6 屏蔽水晶头（压接式水晶头和免打式水晶头①均可）。综合布线系统工程常用水晶头如图 2-1-17 ~ 图 2-1-20 所示。

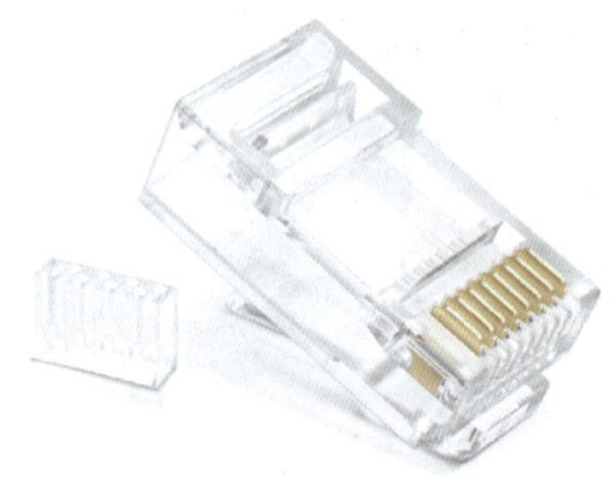

图 2-1-17　两件式 Cat. 6 RJ-45 水晶头

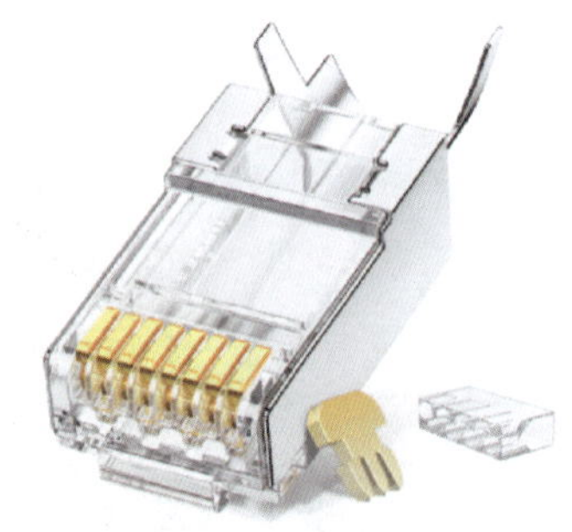

图 2-1-18　两件式 Cat. 6 RJ-45 屏蔽水晶头

图 2-1-19　Cat. 6A 免打 RJ-45 屏蔽水晶头

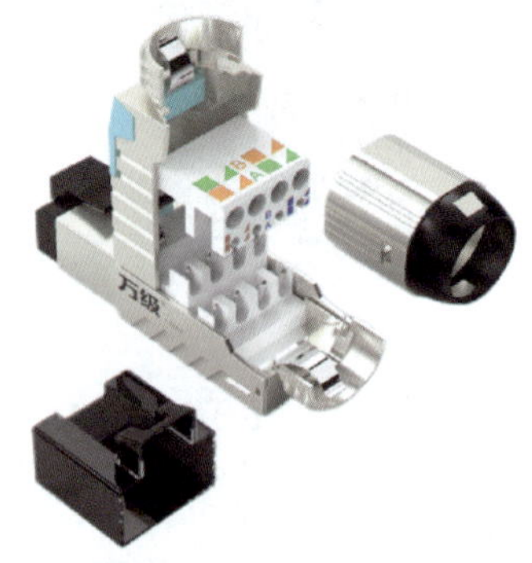

图 2-1-20　Cat. 7 免打 RJ-45 屏蔽水晶头

① 免打式水晶头也称免压式水晶头。

任务二　制作 Cat. 6 SF/UTP 双绞线跳线①

任务目标

工作任务	每人制作两根 Cat. 6 SF/UTP 双绞线跳线
任务要求	(1)按照 ANSI/TIA/EIA 568B 标准线序制作； (2)两根 Cat. 6 SF/UTP 双绞线，长度为 30 cm； (3)要求使用 Cat. 6 类分体式屏蔽水晶头； (4)两根跳线(含 RJ-45 水晶头)的长度符合(30 ± 1) cm

任务准备

请自行查阅资料，完成以下工作。

引导问题 1：屏蔽双绞线还有哪些型号和结构？与 Cat. 6 SF/UTP 双绞线有什么不同？

Cat. 6 SF/UTP 双绞线结构：

其他屏蔽双绞线结构：

引导问题 2：在屏蔽布线系统中如何保证屏蔽布线系统正常运行？

引导问题 3：Cat. 6 SF/UTP 双绞线水晶头有几种类型？它们分别是什么？

① 该任务涉及的电缆、水晶头在本模块的任务一中有介绍。

引导问题4:器材准备。填写任务所需要的器材选用表(见表2-2-1)。

表2-2-1　器材选用表

序　号	器材名称	器材型号	数　量	单　位

引导问题5:工机具准备。填写任务所需要的工机具选用表(见表2-2-2)。

表2-2-2　工机具选用表

序　号	工机具名称	功　　能

小提示:Cat. 6类屏蔽水晶头压接原理。

Cat. 6类屏蔽水晶头与非屏蔽水晶头不同之处在于Cat. 6类屏蔽水晶头外层有金属屏蔽层,尾部有固定屏蔽层的“燕尾夹”,如图2-2-1所示。Cat. 6类屏蔽水晶头压接原理与非屏蔽水晶头端接原理相同,但是由于Cat. 6 SF/UTP双绞线线芯比Cat. 5e双绞线线芯更粗,而Cat. 6类屏蔽水晶头与普通水晶头的外观一致,因此Cat. 6 SF/UTP双绞线的线芯在水晶头内上下错位排列,如图2-2-2所示。Cat. 6类屏蔽水晶头压接完成后还需用工具将金属“燕尾夹”与Cat. 6 SF/UTP双绞线中的编织网屏蔽层进行压接操作,从而实现屏蔽层的电气连接。

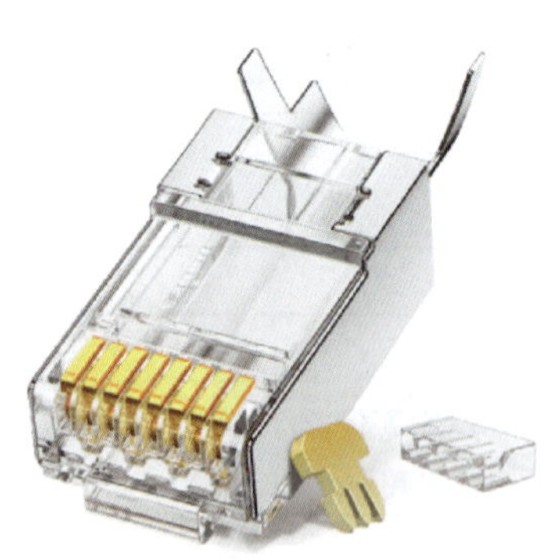

图2-2-1　Cat. 6 RJ-45屏蔽水晶头

图2-2-2　Cat. 6类水晶头压接后效果

技能训练

非屏蔽 Cat. 6 RJ-45 水晶头制作

非屏蔽 Cat. 6 RJ-45 水晶头端接作业指导书

技能训练 1：请遵循表 2-2-3 的作业步骤完成工作任务。

表 2-2-3　作业步骤

作业步骤	作业内容及标准	完成任务
作业前准备	做好作业前准备工作：穿好实训服、佩戴好劳保用品、领取器材和工机具等	①填写表 2-2-1 器材选用表； ②填写表 2-2-2 工机具选用表； ③根据器材选用表领用作业器材； ④根据工机具选用表领用作业工机具
材料检查	查看双绞线是否有破损、过度弯折等现象； 检查水晶头部件是否完整	
开缆	使用剥线刀或压线钳的剥线口剥除双绞线外护套约 20 mm； 观察芯线及屏蔽层是否受损； 剪去多余的屏蔽层及双绞线内十字骨架，屏蔽层保留适当长度。 **注意**：剥线后检查芯线，如发现芯线绝缘护套受损应重新开缆	
整理	按照 EIA/TIA 568B 线序将双绞线线芯放入水晶头自带理线器当中。确认扭绞松开长度以理线器为准，不超过 6. 4 mm；将芯线依次放入水晶头自带理线器中	
剪线	用剪刀去多余双绞线	
插入	水晶头铜接触片的一面朝上，将整理好双绞线的理线器插入水晶头中	
检查	通过水晶头侧面及正面观察，确认芯线插入到位、外护套插入到位	
压接	检查无误后，使用网络压线钳的 8P 口压接水晶头	
屏蔽层压接	水晶头压接到位后将预留的屏蔽层放入屏蔽水晶头燕尾夹处，使用网络压线钳上燕尾夹专用压接部分或尖嘴钳将屏蔽水晶头燕尾夹与双绞线外护套、双绞线屏蔽层进行压接，使双绞线屏蔽层与屏蔽水晶头燕尾夹完全接触	Cat. 6 SF/UTP 双绞线一端制作完成
制作另一端	重复剥线、整理、压接、屏蔽层端接等步骤，完成双绞线另一端的制作	完成一根 Cat. 6 SF/UTP 双绞线的跳线制作
测试	使用网络测线仪对双绞线跳线进行测通测试。若编号为 1 ~ 8 及 G 的灯依次对应亮起，则测通测试良好	
任务结束	重复上述步骤依次制作余下一根 Cat. 6 SF/UTP 双绞线的跳线。 使用卷尺测量双绞线完整长度（含 RJ-45 水晶头），确保两根跳线长度均符合（300 ± 10） mm	①完成两根 Cat. 6 双绞线的跳线制作； ②整理工机具； ③完成作业现场的整理与清扫； ④填写作业（施工）日志

技能训练2:作业(施工)日志填写。根据施工进程,填写作业(施工)日志(见表2-2-4)。

表2-2-4 作业(施工)日志

任务名称				
作业日期	____年____月____日星期____		作业地点 (或工位号)	
作业人员				

作业前准备工作:
注:从着装开始,梳理作业的准备工作,完成相应的引导问题并确认以下四项内容,确认后打√

□着装检查符合要求	□器材领用与检查	□设备领用与检查	□工机具领用与检查

其他准备工作:

____

____

安全风险控制:

____

____

____

作业中存在的问题及解决方法:

____

____

____

任务完成进度和质量:

____

____

____

考核与评价

请作业人员、小组成员和教师依据表2-2-5完成本次任务考核。

表2-2-5 考核赋分表

评价项目	评价内容	分值	评价分数		
			自评	互评	师评
职业素养 40%	穿戴规范、整洁: ①衣着得体大方、整洁;(2) ②穿戴符合安全生产要求(3)	5			
	安全意识、责任意识: ①工机具摆放合理,符合安全生产要求;(2) ②作业过程中穿戴好防护用具(3)	5			
	积极参加教学活动,及时完成工作活页: ①课前完成准备阶段活页填写;(3) ②课中完成实施阶段活页填写;(4) ③内容填写规范,用语标准、描述准确(3)	10			

续表

<table>
<tr><th rowspan="2">评价项目</th><th rowspan="2">评价内容</th><th rowspan="2">分值</th><th colspan="3">评价分数</th></tr>
<tr><th>自评</th><th>互评</th><th>师评</th></tr>
<tr><td rowspan="3">职业素养
40%</td><td>团队合作能力：
工机具协商分配使用(5)</td><td>5</td><td></td><td></td><td></td></tr>
<tr><td>劳动纪律：
①现场施工秩序良好；(2)
②不跨工位操作；(1)
③不随意走动、聊天(2)</td><td>5</td><td></td><td></td><td></td></tr>
<tr><td>生产现场 6S 管理：
①现场工机具、器材、设备摆放合理、整齐；(2)
②保持施工现场的整洁；(2)
③施工有序、规范操作；(2)
④施工完毕后，工机具整理、现场清扫与整理；(2)
⑤将施工垃圾分类，并清扫(2)</td><td>10</td><td></td><td></td><td></td></tr>
<tr><td rowspan="4">专业能力
60%</td><td>自行查找专业知识：
能通过教材、在线教学平台、互联网查找相关知识，并使用标准用语或标准符号填写活页(10)</td><td>10</td><td></td><td></td><td></td></tr>
<tr><td>作业(或施工)过程规范：
①工序正确；(2)
②工机具使用规范；(2)
③不踩踏器材、工机具(1)</td><td>5</td><td></td><td></td><td></td></tr>
<tr><td>操作熟练度和工作效率：
①能熟练使用压线钳压接屏蔽 RJ-45 水晶头；(2)
②相关标准和工艺熟记；(2)
③施工进度符合要求(1)</td><td>5</td><td></td><td></td><td></td></tr>
<tr><td>项目验收：
①项目完成度；(5)
②屏蔽 RJ-45 水晶头端接符合要求；(15)
③端接完成后的跳线长度符合(30 ±1) cm：一根(5)、两根(15)；
④现场整洁(5)</td><td>40</td><td></td><td></td><td></td></tr>
<tr><td rowspan="2">总评</td><td rowspan="2">自评得分：________互评得分：________师评得分：________
自评 ×20% + 互评 ×20% + 师评 ×60%
≥85 分优秀，≥75 分良好，≥65 分合格</td><td>综合得分</td><td colspan="3"></td></tr>
<tr><td>综合评价</td><td colspan="3"></td></tr>
</table>

任务三　使用 Cat. 7 免压水晶头制作 Cat. 7 双绞线跳线

任务目标

工作任务	制作一根 Cat. 7 双绞线跳线
任务要求	(1)按照 ANSI/TIA/EIA 568B 标准线序制作水晶头； (2)要求使用 Cat. 7 免压式 Cat. 7 类水晶头

小提示： Cat. 7 免压 RJ-45 水晶头及其端接原理

带有线对屏蔽和电缆屏蔽的 Cat. 7 类双绞线线径与线芯直径都比 F 级以下的双绞线粗很多，普通 Cat. 7 水晶头端接工艺要求更高，因此常用 Cat. 7 免压 RJ-45 水晶头进行端接。Cat. 7 免压 RJ-45 水晶头与信息模块端接方式类似，将双绞线压入水晶头接线柱上，通过施加机械压力使得接线柱内部的金属刀片划破双绞线线芯绝缘层，接线柱内置的刀片与水晶头内的 PCB 线路板连接，PCB 线路板与水晶头的金属插针连接，从而使 Cat. 7 类双绞线与 Cat. 7 类水晶头插针实现电气连接。

任务准备

请自行查阅资料，完成以下工作。

引导问题 1： Cat. 7 双绞线结构及传输性能。

Cat. 7 双绞线结构：

____

____

Cat. 7 双绞线的传输性能：

____

____

引导问题 2： 器材准备。填写任务所需要的器材选用表（见表 2-3-1）。

表 2-3-1　器材选用表

序　号	器材名称	器材型号	数　量	单　位

引导问题 3： 工机具准备。填写任务所需要的工机具选用表（见表 2-3-2）。

表 2-3-2　工机具选用表

序　号	工机具名称	功　　能

技能训练

Cat. 7 免压 RJ-45 水晶头端接作业

技能训练 1： 请遵循表 2-3-3 的作业步骤完成工作任务。

表 2-3-3 作业步骤

作业步骤	作业内容及标准	完成任务
作业前准备	做好作业前准备工作:穿好实训服、佩戴好劳保用品、领取器材和工机具等	①填写表 2-3-1 器材选用表; ②填写表 2-3-2 工机具选用表; ③根据器材选用表领用作业器材; ④根据工机具选用表领用作业工机具
材料检查	查看 Cat. 7 类双绞线完整性,是否有破损、过度弯折等现象;检查 Cat. 7 免压 RJ-45 水晶头部件是否完整	
拆分 Cat. 7 免压 RJ-45 水晶头	将准备好的 Cat. 7 免压 RJ-45 水晶头拆分成水晶头尾帽、水晶头主体、理线器等部分;将水晶头尾帽套在 Cat. 7 类双绞线上备用	
开缆	使用剥线刀或压线钳的剥线口剥除双绞线外护套约 20 mm,开缆过程中不要损伤双绞线的金属网屏蔽层;将金属网屏蔽层捋至底部与双绞线内的金属地线拧在一起备用;去除包裹在四对双绞线的外部的铝箔屏蔽层	
理线	拆分缠绕在一起的双绞线线芯并捋直;查看 Cat. 7 免压 RJ-45 水晶头理线器上的色标,按照 ANSI/TIA/EIA 568B 线序将拆分后的双绞线放入理线器中并去除多余线头	
整理屏蔽层	整理好拧在一起的金属网屏蔽层与金属地线; 使用 Cat. 7 免压 RJ-45 水晶头中配套的铜箔将金属网屏蔽层与金属地线包裹在双绞线外护套上	
压接水晶头主体	将放入双绞线线芯的理线器压入 Cat. 7 免压 RJ-45 水晶头主体尾部的接线柱上;使用尖嘴钳(或鱼嘴钳)用力按压理线器与水晶主体尾部的接线柱使其完全吻合	
检查	检查理线器与水晶主体尾部的接线柱按压是否到位;检查 Cat. 7 免压 RJ-45 水晶头理配套的铜箔与金属网屏蔽层与金属地线包裹情况	
组装水晶头	检查无误后将 Cat. 7 免压 RJ-45 水晶头尾帽与水晶头主体进行组装;如需要保护制作好的水晶头也可以将配套的防尘罩套在水晶头上	
制作另一端	按照以上方式完成 Cat. 7 类双绞线另一端的端接	
测试	使用网络测线仪对制作好双绞线进行测通测试; 网络测线仪编号为 1 ~ 8 的灯依次亮起表示测通测试良好;测线仪上的 G 指示灯亮起表示屏蔽功能良好	完成一根 Cat. 7 双绞线跳线制作
任务结束	①任务结束后整理工位卫生及工具; ②Cat. 7 免压 RJ-45 水晶头是组装水晶头属于可回收耗材,任务结束后拆除水晶头并进行回收	①整理工机具; ②回收可用耗材; ③完成作业现场的整理与清扫

技能训练 2:作业(施工)日志填写。根据施工进程,填写作业(施工)日志(见表 2-3-4)。

表 2-3-4　作业(施工)日志

任务名称				
作业日期	____年____月____日星期____		作业地点 (或工位号)	
作业人员				

作业前准备工作:
注:从着装开始,梳理作业的准备工作,完成相应的引导问题并确认以下四项内容,确认后打√

□着装检查符合要求	□器材领用与检查	□设备领用与检查	□工机具领用与检查

其他准备工作:

____

____

安全风险控制:

____

____

____

作业中存在的问题及解决方法:

____

____

____

任务完成进度和质量:

____

____

____

考核与评价

请作业人员、小组成员和教师依据表 2-3-5 完成本次任务考核。

表 2-3-5　考核赋分表

评价项目	评价内容	分值	评价分数		
			自评	互评	师评
职业素养 40%	穿戴规范、整洁: ①衣着得体大方、整洁;(2) ②穿戴符合安全生产要求(3)	5			
	安全意识、责任意识: ①工机具摆放合理,符合安全生产要求;(2) ②作业过程中穿戴好防护用具(3)	5			
	积极参加教学活动,及时完成工作活页: ①课前完成准备阶段活页填写;(3) ②课中完成实施阶段活页填写;(4) ③内容填写规范,用语标准、描述准确(3)	10			

续表

评价项目	评价内容	分值	评价分数		
			自评	互评	师评
职业素养 40%	团队合作能力： 工机具协商分配使用(5)	5			
	劳动纪律： ①现场施工秩序良好；(2) ②不跨工位操作；(1) ③不随意走动、聊天(2)	5			
	生产现场6S管理： ①现场工机具、器材、设备摆放合理、整齐；(2) ②保持施工现场的整洁；(2) ③施工有序、规范操作；(2) ④施工完毕后，工机具整理、现场清扫与整理；(2) ⑤将施工垃圾分类，并清扫(2)	10			
专业能力 60%	自行查找专业知识： 能通过教材、在线教学平台、互联网查找相关知识，并使用标准用语或标准符号填写活页(10)	10			
	作业(或施工)过程规范： ①工序正确；(2) ②工机具使用规范；(2) ③不踩踏器材、工机具(1)	5			
	操作熟练度和工作效率： ①能熟练使用压线钳压接屏蔽RJ-45水晶头；(2) ②相关标准和工艺熟记；(2) ③施工进度符合要求(1)	5			
	项目验收： ①项目完成度；(5) ②免压RJ-45水晶头端接符合要求，测试良好；(15) ③正确回收免压RJ-45水晶头，配件完整无损坏(15)； 现场整洁(5)	40			
总评	自评得分：________互评得分：________师评得分：________ 自评×20%+互评×20%+师评×60% ≥85分优秀，≥75分良好，≥65分合格	综合得分			
		综合评价			

任务四　完成Cat. 5e非屏蔽信息模块配线

任务目标

工作任务	完成Cat. 5e非屏蔽信息模块配线，模拟三条永久链路
任务要求	(1)配线标准为ANSI/TIA/EIA 568B标准； (2)三根Cat. 5e U/UTP双绞线，长度为30 cm； (3)其中一条模拟永久链路的长度必须满足(30±1) cm； (4)其中一条模拟永久链路一端的信息模块必须安装至86型单口信息面板； (5)所有链路必须通过测通测试

信息插座是由信息面板与信息模块组成的，国标中墙面信息面板的尺寸一般为 86 mm × 86 mm，如图 2-4-1 所示。信息模块是常见的双绞线连接件之一，终端设备通过跳线连接信息插座（网络设备通过跳线连接模块化配线架），因此，信息模块的配线是信息通信网络线务员的必备技能之一，也是中华人民共和国技能大赛和世界技能大赛信息网络布线赛项的重要竞赛内容。

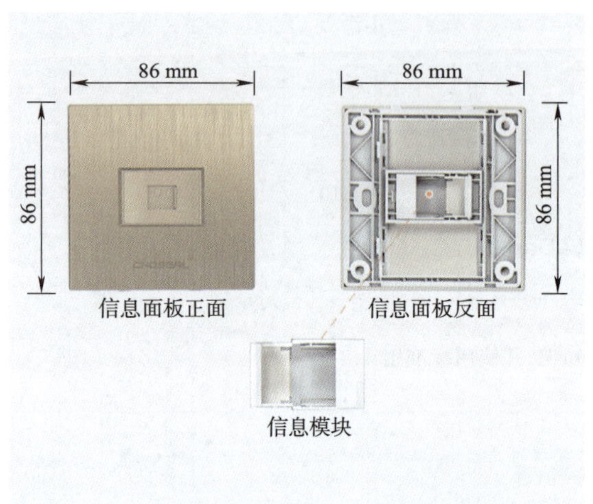

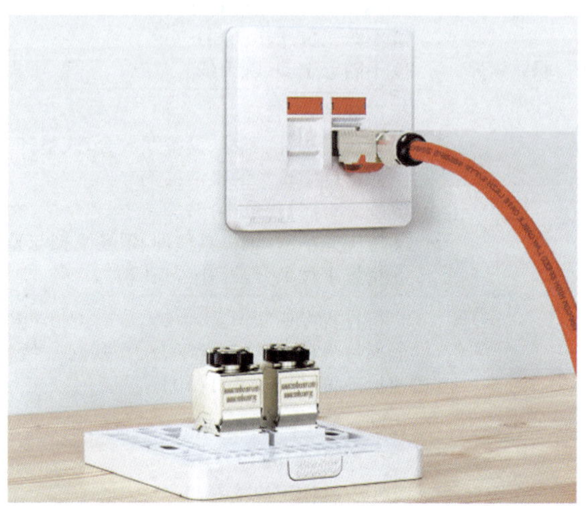

图 2-4-1　信息面板与信息模块

任务准备

请自行查阅资料，完成以下工作。

引导问题 1： 常用信息模块有哪些（写出至少四类）？

引导问题 2： 信息模块配线的标准是什么？不同级的信息模块或不同厂家生产的信息模块配线色谱顺序是一致吗？

引导问题 3： 信息模块配线的原理。

引导问题 4： 除了国标 86 型信息面板，你还知道其他规格或型号的信息面板吗？

引导问题 5： 器材准备。填写任务所需要的器材选用表（见表 2-4-1）。

表 2-4-1　器材选用表

序　号	器材名称	器材型号	数　量	单　位

引导问题 6：工机具准备。填写任务所需要的工机具选用表（见表 2-4-2）。

表 2-4-2　工机具选用表

序　号	工机具名称	功　　能

技能训练

非屏蔽 Cat. 5e 信息模块配线与面板安装

技能训练 1：请遵循表 2-4-3 的作业步骤完成工作任务。

表 2-4-3　作业步骤

作业步骤	作业内容及标准	完成任务
作业前准备	做好作业前准备工作：穿好实训服、佩戴好劳保用品、领取器材和工机具等	①填写表 2-4-1 器材选用表； ②填写表 2-4-2 工机具选用表； ③根据器材选用表领用作业器材； ④根据工机具选用表领用作业工机具
材料检查	查看双绞线完整性，是否有破损、过度弯折等现象；检查信息模块外观是否完整；检查信息模块与双绞线类型是否相同	
剥线	使用剥线刀或压线钳的剥线口剥除双绞线外护套 20～30 mm；观察芯线是否受损；剪去撕拉线	
拆线	将四对双绞线进行拆分为单根的八根芯线，对绞拆开长度不大于 13 mm；将八根芯线根据模块上的 ANSI/TIA/EIA 568B 线序进行理线	
放线	根据信息模块上标识的 ANSI/TIA/EIA 568B 色标将八根线芯放入模块上对应的接线柱中；八根线芯放到位后检查双绞线外护套是否在模块内部	
打线	使用网络打线刀将接线柱上的双绞线线芯压入接线柱中。 **注意**：带有刀口的一边面向线头处，用来去除多余的线头	

续表

作业步骤	作业内容及标准	完成任务
检查	查看接线柱与双绞线是否打接到位;检查线序、余线、外护套是否符合要求	
安装防尘罩	检查端接无误后安装防尘罩	
制作另一端	重复以上步骤制作另一端的信息模块	
测试	使用网络测线仪和跳线进行测通测试。若编号为1~8的灯依次对应亮起,则测通测试良好	完成一条两头都是信息模块的模拟永久链路
任务结束	重复上述步骤依次制作余下两条模拟永久链路; 使用卷尺测量链路完整长度(含信息模块),至少有一条符合(300±10) mm;为其中一条模拟链路安装单口86型信息面板;清扫、整理及回收信息模块	①完成余下两条模拟永久链路; ②完成作业现场的整理与清扫; ③信息模块/面板可重复利用,请回收; ④填写作业(施工)日志

技能训练2:作业(施工)日志填写。根据施工进程,填写作业(施工)日志(见表2-4-4)。

表2-4-4　作业(施工)日志

任务名称					
作业日期	____年____月____日星期____		作业地点 (或工位号)		
作业人员					

作业前准备工作:
注:从着装开始,梳理作业的准备工作,完成相应的引导问题并确认以下四项内容,确认后打√

□着装检查符合要求	□器材领用与检查	□设备领用与检查	□工机具领用与检查

其他准备工作:

安全风险控制:

作业中存在的问题及解决方法:

任务完成进度和质量:

考核与评价

请作业人员、小组成员和教师依据表2-4-5完成本次任务考核。

表2-4-5　考核赋分表

<table>
<tr><th rowspan="2">评价项目</th><th rowspan="2">评价内容</th><th rowspan="2">分值</th><th colspan="3">评价分数</th></tr>
<tr><th>自评</th><th>互评</th><th>师评</th></tr>
<tr><td rowspan="6">职业素养
40%</td><td>穿戴规范、整洁：
①衣着得体大方、整洁；(2)
②穿戴符合安全生产要求(3)</td><td>5</td><td></td><td></td><td></td></tr>
<tr><td>安全意识、责任意识：
①工机具摆放合理，符合安全生产要求；(2)
②作业过程中穿戴好防护用具(3)</td><td>5</td><td></td><td></td><td></td></tr>
<tr><td>积极参加教学活动，及时完成工作活页：
①课前完成准备阶段活页填写；(3)
②课中完成实施阶段活页填写；(4)
③内容填写规范，用语标准、描述准确(3)</td><td>10</td><td></td><td></td><td></td></tr>
<tr><td>团队合作能力：
工机具协商分配使用(5)</td><td>5</td><td></td><td></td><td></td></tr>
<tr><td>劳动纪律：
①现场施工秩序良好；(2)
②不跨工位操作；(1)
③不随意走动、聊天(2)</td><td>5</td><td></td><td></td><td></td></tr>
<tr><td>生产现场6S管理：
①现场工机具、器材、设备摆放合理、整齐；(2)
②保持施工现场的整洁；(2)
③施工有序、规范操作；(2)
④施工完毕后，工机具整理、现场清扫与整理；(2)
⑤将施工垃圾分类，并清扫(2)</td><td>10</td><td></td><td></td><td></td></tr>
<tr><td rowspan="4">专业能力
60%</td><td>自行查找专业知识：
能通过教材、在线教学平台、互联网查找相关知识，并使用标准用语或标准符号填写活页(10)</td><td>10</td><td></td><td></td><td></td></tr>
<tr><td>作业(或施工)过程规范：
①工序正确；(2)
②工机具使用规范；(2)
③不踩踏器材、工机具(1)</td><td>5</td><td></td><td></td><td></td></tr>
<tr><td>操作熟练度和工作效率：
①能熟练完成非屏蔽信息模块的配线；(2)
②能熟练安装信息模块至信息面板；(2)
③熟记相关标准和工艺(1)</td><td>5</td><td></td><td></td><td></td></tr>
<tr><td>项目验收：
①项目完成度；(5)
②三条模拟永久链路配线合格，测试良好；(15)
③信息模块和信息面板回收正常，无配件丢失(15)；
④现场整洁(5)</td><td>40</td><td></td><td></td><td></td></tr>
<tr><td rowspan="2">总评</td><td rowspan="2">自评得分：________互评得分：________师评得分：________
自评×20%+互评×20%+师评×60%
≥85分优秀，≥75分良好，≥65分合格</td><td colspan="2">综合得分</td><td colspan="2"></td></tr>
<tr><td colspan="2">综合评价</td><td colspan="2"></td></tr>
</table>

相关知识

一、信息模块

信息模块是常见的双绞线连接件，其头部是一个与 RJ-45 水晶头连接的插座，尾部是连接 PCB 板的 IDC 打线槽（或者是免打线槽），如图 2-4-2 所示。信息模块的插座内有八根镀金的合金弹丝；合金弹丝一端与水晶头金属触点进行连接，另一端通过 PCB 板与信息模块尾部的接线柱进行连接。

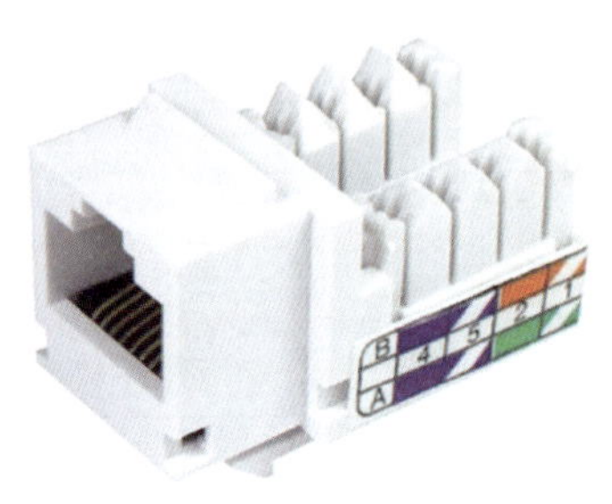

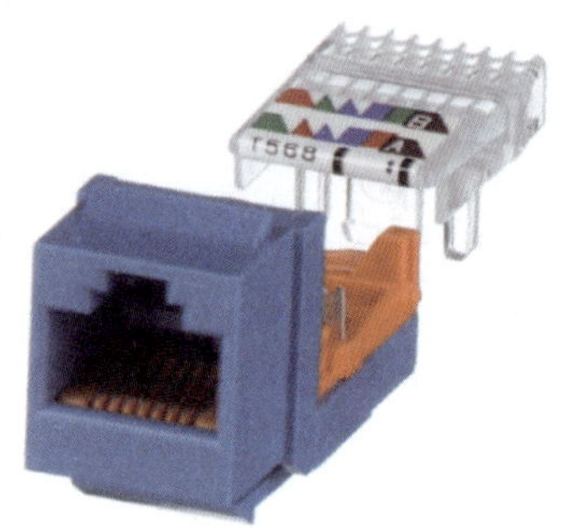

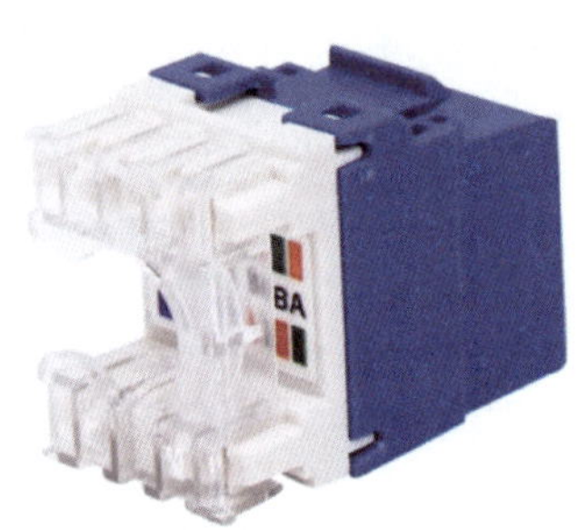

图 2-4-2 信息模块

信息模块不仅可以安装在信息面板上，还可安装在模块化配线架上；部分厂家的高等级信息模块还配置了模块防尘塞，起到防尘、防止异物侵入等作用，主要用于保护模块化配线架的未使用端口，如图 2-4-3 所示。信息模块除了常见的白色外，还有红色、橙色、蓝色、灰色、黑色等，用于综合布线系统工程中区分不同的系统或应用，如图 2-4-4 所示。

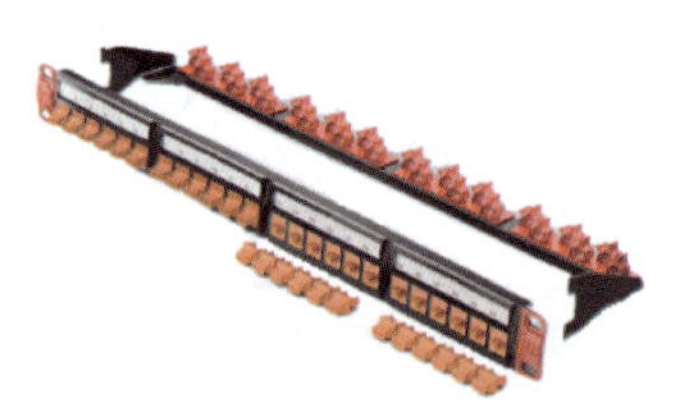

图 2-4-3 配防尘塞的模块化配线架

图 2-4-4 不同颜色的信息模块

1. 信息模块的配线原理

将分线后的双绞线芯线根据模块上标记的颜色卡入信息模块尾部的 IDC 打线槽中，使用网络打线刀（或通过模块的组件施加压力）将双绞线打入模块接线柱中，接线柱中的刀片会划破芯线的绝缘层实现模块与双绞线芯线的电气连接。

2. 信息模块的分类

按照布线等级可分为 Cat. 5e、Cat. 6、Cat. 6A、Cat. 7 等。按照是否有屏蔽组件可分为：屏蔽信息模块和非屏蔽信息模块两类。按照是否需打线可分为打线型和免打型，如图 2-4-5 ~ 图 2-4-7 所示。

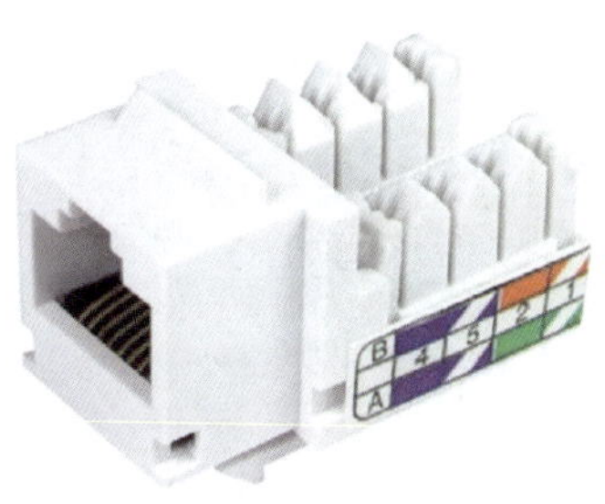

图 2-4-5　Cat. 5e 非屏蔽信息模块

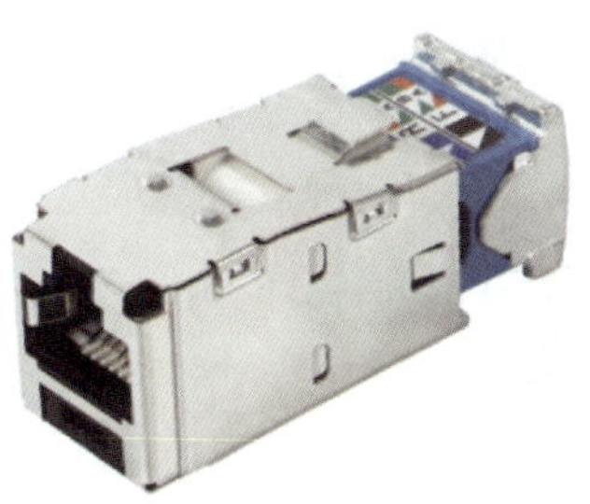

图 2-4-6　Cat. 6 屏蔽信息模块

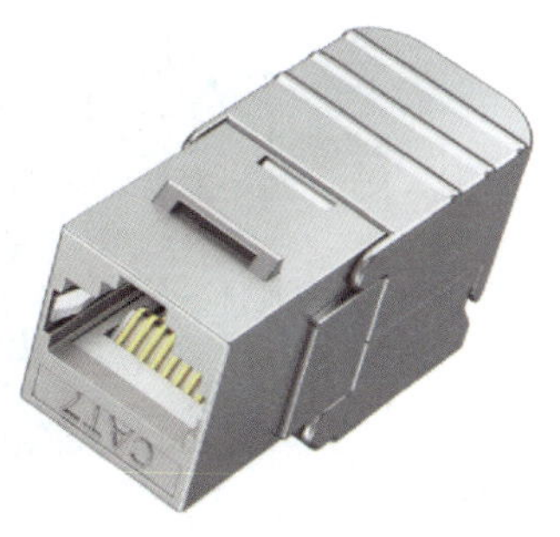

图 2-4-7　Cat. 7 免打型屏蔽信息模块

3. 信息模块的配线

此处以万级免打型超六类非屏蔽信息模块配线为例介绍免打信息模块的配线。

(1)剥除双绞线外护套,长度 20～30 mm,如图 2-4-8 所示。注意不要损伤芯线,减除撕拉绳,若是六类及以上等级双绞线,需剪去十字骨架。

(2)双绞线套上护尾及分线器,如图 2-4-9 所示。

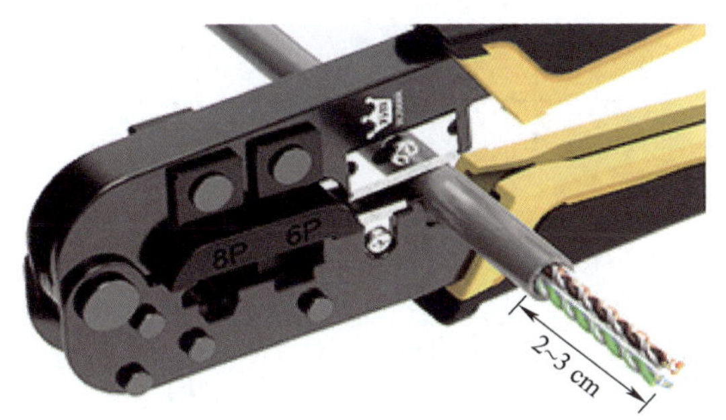

图 2-4-8　剥除外护套

图 2-4-9　套上护尾及分线器

(3)将芯线按照 ANSI/TIA/EIA 568B 线序图标卡入线槽,剪掉余线,如图 2-4-10 所示。

(4)对准端子座压入,如图 2-4-11 所示。

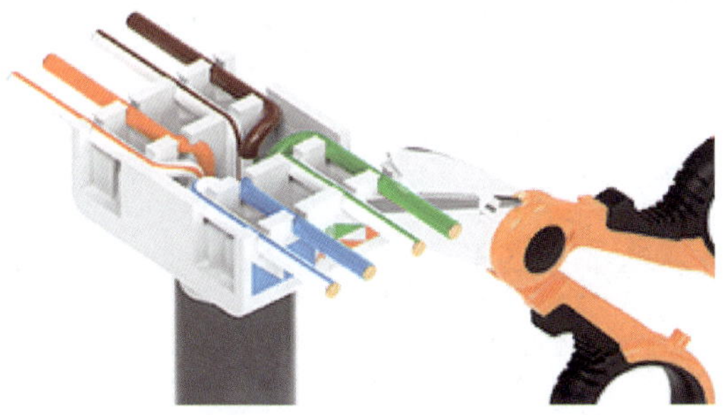

图 2-4-10　卡入线槽并剪掉余线

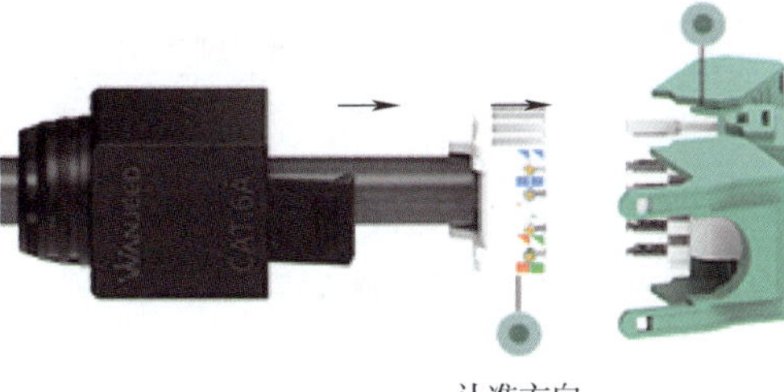

图 2-4-11　压入

(5)装上护套,完成配线操作,如图 2-4-12 所示。

(6)安装至面板,如图 2-4-13 所示。

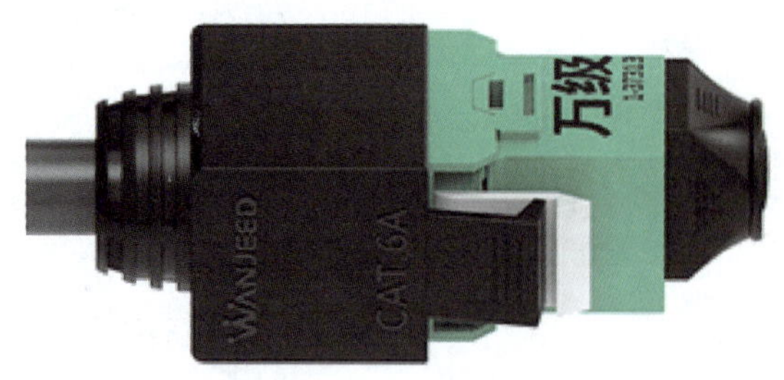

图 2-4-12　装上护套

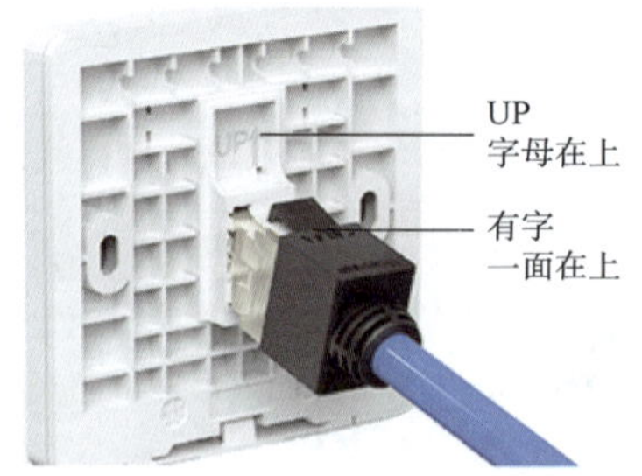

图 2-4-13　安装至面板

二、信息面板

信息面板为工作区设备跳线提供接口，安装在底盒外部，一般外形尺寸符合国标 86 型的标准，颜色常以白色居多；信息面板的材料常采用防火 ABS 工程塑料，带有防尘装置，配有标志条或者是嵌入式图标。常见的样式有单口、双口、四口信息面板，如图 2-4-14 ~ 图 2-4-17 所示。

图 2-4-14　单口信息面板

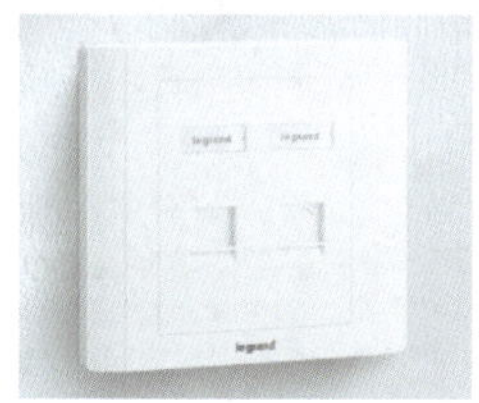
图 2-4-15　双口信息面板

图 2-4-16　四口信息面板

图 2-4-17　斜口信息面板

任务五　完成 Cat. 6 屏蔽信息模块配线

任务目标

工作任务	完成 Cat. 6 屏蔽信息模块配线，模拟一条永久链路
任务要求	（1）配线标准为 ANSI/TIA/EIA 568B 标准； （2）要求使用 Cat. 6 SF/UTP 双绞线，且双绞线的长度为 30 cm； （3）模拟永久链路的长度必须满足（30 ± 1） cm； （4）模拟链路必须通过测通测试

任务准备

请自行查阅资料，完成以下工作。

小提示：Cat. 6 屏蔽信息模块的端接原理

Cat. 6 屏蔽信息模块的端接原理与 Cat. 5e 非屏蔽信息模块端接原理大致相同，主要的不同之处在于 Cat. 6 屏蔽信息模块在结构上比 Cat. 5e 非屏蔽信息模块多了屏蔽层，在双绞线与信息模块端接完成后，还需将 Cat. 6 SF/UTP 双绞线的屏蔽层与屏蔽信息模块的屏蔽层进行可靠连接，从而使信息模块的屏蔽层与双绞线的屏蔽层实现电气连接。

引导问题1：器材准备。填写任务所需要的器材选用表(见表2-5-1)。

表2-5-1　器材选用表

序　号	器材名称	器材型号	数　量	单　位

引导问题2：工机具准备。填写任务所需要的工机具选用表(见表2-5-2)。

表2-5-2　工机具选用表

序　号	工机具名称	功　　能

技能训练

Cat.6屏蔽信息模块的配线作业(基于Cat.6 STP双绞线)

技能训练1：请遵循表2-5-3的作业步骤完成工作任务。

表2-5-3　作业步骤

作业步骤	作业内容及标准	完成任务
作业前准备	做好作业前准备工作：穿好实训服、佩戴好劳保用品、领取器材和工机具等	①填写表2-5-1器材选用表； ②填写表2-5-2工机具选用表； ③根据器材选用表领用作业器材； ④根据工机具选用表领用作业工机具
材料检查	查看双绞线完整性，是否有破损、过度弯折等现象；检查信息模块外观是否完整；检查信息模块与双绞线类型是否相同	
剥线	使用剥线刀或压线钳的剥线口剥除双绞线外护套20 mm～30 mm之间；观察芯线及屏蔽层是否受损； 剪去多余的撕拉线与十字骨架	
放线	将四对双绞线进行拆分为八根芯线，根据信息模块上标识的ANSI/TIA/EIA 568B色标将八根线芯放入模块防尘盖上对应的理线器中；将双绞线屏蔽层整理并放在理线器外部；检查放入理线器中的线序	
压线	将放好线的防尘盖理线器对准模块的接线柱； 用力按压防尘盖也可使用尖嘴钳(或鱼嘴钳)等工具辅助按压并剪去多余线头	

续表

作业步骤	作业内容及标准	完成任务
端接屏蔽层	将整理好的双绞线的屏蔽层与模块上的金属屏蔽外壳进行连接;安装好屏蔽模块上的金属外壳	
检查	查看双绞线线芯是否端接到位;查看模块端接线序是否正确;查看模块上多余的线头是否去除;查看双绞线的屏蔽层与模块上的屏蔽外壳是否连接成功	
加固屏蔽外壳	检查端接无误后,使用塑料轧带对模块屏蔽层的金属外壳进行加固(或紧固外部扣件)	
制作另一端	重复以上步骤完成信息模块另一端的配线	
测试	使用屏蔽线缆,通过网络测试仪进行测试,若编号为1~8及G灯依次对应亮起表示测通测试良好,接地良好	完成一根两头都是信息模块的模拟永久链路
任务结束	使用卷尺测量链路完整长度(含信息模块)符合(300±10) mm;清扫、整理及回收信息模块	①完成作业现场的整理与清扫; ②信息模块可重复利用,请回收; ③填写作业(施工)日志

技能训练2:作业(施工)日志填写。根据施工进程,填写作业(施工)日志(见表2-5-4)。

表2-5-4　作业(施工)日志

任务名称					
作业日期	____年____月____日星期____		作业地点 (或工位号)		
作业人员					

作业前准备工作:
注:从着装开始,梳理作业的准备工作,完成相应的引导问题并确认以下四项内容,确认后打√

□着装检查符合要求	□器材领用与检查	□设备领用与检查	□工机具领用与检查

其他准备工作:

安全风险控制:

作业中存在的问题及解决方法:

任务完成进度和质量:

考核与评价

请作业人员、小组成员和教师依据表 2-5-5 完成本次任务考核。

表 2-5-5　考核赋分表

评价项目	评价内容	分值	评价分数		
			自评	互评	师评
职业素养 40%	穿戴规范、整洁： ①衣着得体大方、整洁；(2) ②穿戴符合安全生产要求(3)	5			
	安全意识、责任意识： ①工机具摆放合理，符合安全生产要求；(2) ②作业过程中穿戴好防护用具(3)	5			
	积极参加教学活动，及时完成工作活页： ①课前完成准备阶段活页填写；(3) ②课中完成实施阶段活页填写；(4) ③内容填写规范，用语标准、描述准确(3)	10			
	团队合作能力： 工机具协商分配使用(5)	5			
	劳动纪律： ①现场施工秩序良好；(2) ②不跨工位操作；(1) ③不随意走动、聊天(2)	5			
	生产现场 6S 管理： ①现场工机具、器材、设备摆放合理、整齐；(2) ②保持施工现场的整洁；(2) ③施工有序、规范操作；(2) ④施工完毕后，工机具整理、现场清扫与整理；(2) ⑤将施工垃圾分类，并清扫(2)	10			
专业能力 60%	自行查找专业知识： 能通过教材、在线教学平台、互联网查找相关知识，并使用标准用语或标准符号填写活页(10)	10			
	作业(或施工)过程规范： ①工序正确；(2) ②工机具使用规范；(2) ③不踩踏器材、工机具(1)	5			
	操作熟练度和工作效率： ①能熟练完成屏蔽信息模块的配线；(4) ②相关标准和工艺熟记(1)	5			
	项目验收： ①项目完成度；(5) ②模拟永久链路配线合格，测试良好；(15) ③屏蔽信息模块回收正常，无配件丢失(15)； ④现场整洁(5)	40			
总评	自评得分：________互评得分：________师评得分：________ 自评 ×20% + 互评 ×20% + 师评 ×60% ≥85 分优秀，≥75 分良好，≥65 分合格	综合得分			
		综合评价			

任务六　完成机柜内 Cat. 5e 非屏蔽 24 口配线架配线

任务目标

工作任务	相邻小组相互配合完成机柜内 Cat. 5e 非屏蔽 24 口配线架配线作业
任务要求	(1)配线标准为 ANSI/TIA/EIA 568B 标准； (2)配线架要求安装在 10U 的位置，安装水平、稳固、固定良好； (3)Cat. 5e U/UTP 双绞线电缆数量不少于 12 根①； (4)机柜内线缆整理必须符合“横平竖直”的要求，过渡处必须符合 Cat. 5e U/UTP 双绞线电缆的曲率半径要求

任务准备

非屏蔽 Cat. 5e 配线架配线

Cat. 5e 24 口非屏蔽数据配线架(非模块化配线架)配线

请自行查阅资料，完成以下工作。

引导问题 1：常用配线架的端口数量及占用机柜容量。

引导问题 2：配线架的安装规范。

引导问题 3：相邻两组机柜的配线架编号依次为 Panel_A、Panel_B，请规划配线架的端口对应表(见表 2-6-1)。此端口对应表可作为线缆标签的依据。

小提示：线缆标签有两种方法，详情参考图 2-6-1 所示的蓝色标签。

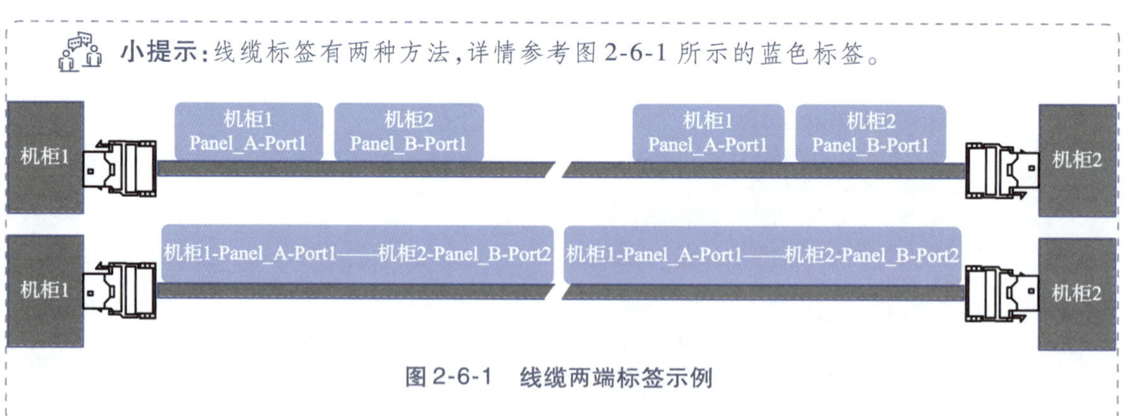

图 2-6-1　线缆两端标签示例

① 此处数量可根据小组实际人数进行修改，建议单人不少于四根线缆的敷设、配线与测试。

表 2-6-1　配线架端口对应表

配线架编号	端　口　号	配线架编号	端　口　号
填写示例：			
Panel_A	Port 24	Panel_B	Port 01

引导问题 **4**：请有序组织施工。为小组成员合理分配任务，填写施工作业人员安排表（见表 2-6-2）。

表 2-6-2　施工作业人员安排表

施工作业人员	分配作业内容

引导问题 **5**：器材准备。填写任务所需要的器材选用表（见表 2-6-3）。

表 2-6-3　器材选用表

序　号	器材名称	器材型号	数　量	单　位

引导问题6:工机具准备。填写任务所需要的工机具选用表(见表2-6-4)。

表2-6-4　工机具选用表

序　号	工机具名称	功　　能

技能训练

技能训练1:请遵循表2-6-5的作业步骤完成任务。

表2-6-5　作业步骤

作业步骤	作业内容及标准	完成任务
作业前准备	①按照表2-6-2做好分工; ②做好作业前准备工作:穿好实训服、佩戴好劳保用品、领取器材和工机具等	①填写表2-6-2人员分工表; ②填写表2-6-3器材选用表; ③填写表2-6-4工机具选用表; ④根据器材选用表领用作业器材; ⑤根据工机具选用表领用作业工机具
材料检查	①检查配线架外观是否完整、配件是否齐全; ②检查配线架与双绞线类型是否相同	
布线、理线	①由本组向相邻小组布放不少于六根Cat.5e U/UTP双绞线电缆并做好标签,机柜内线缆预留长度不少于1.5 m; ②按照“横平竖直”的原则,整理本组机柜的线缆,过渡圆弧曲率半径不少于双绞线电缆外径的4倍	
安装配线架	①确认配线架需要安装的位置——10U; ②安装配线架固定螺母; ③安装配线架:水平、稳固、四个螺钉固定良好。 **注:**模块化配线架,此步骤可以安装;非模块化配线架,此步骤仅需确认安装位置,安装好配线架固定螺母即可	
配线	①根据配线端口的位置,整理并截去多余线缆; ②将双绞线按照ANSI/TIA/EIA 568B标准打接到信息模块或者配线架模块上; ③对双绞线电缆进行标记	
检查与重新标记	①检查双绞线标签与端口是否对应; ②检查双绞线标签是否齐全,若有遗漏需补齐; ③检查双绞线电缆是否有遗漏未配线的	
测试	①使用网络测线仪和跳线进行测通测试,若编号为1~8的灯依次对应亮起,则测通测试良好; ②依次从配线架的端口1开始测试,确认配线架端口符合线缆标记	

续表

作业步骤	作业内容及标准	完成任务
任务结束	①分组完成至少 12 根 Cat. 5e U/UTP 双绞线的敷设、配线与测试； ②测试良好； ③回收配线架、构成链路的 Cat. 5e U/UTP 双绞线； ④清扫与整理：完成施工现场的清扫，双绞线电缆头放入可回收垃圾，外护套等放入有害垃圾	①完成至少 12 根 Cat. 5e U/UTP 双绞线的敷设、配线与测试； ②回收配线架、Cat. 5e U/UTP 双绞线可重复利用的器材； ③完成作业现场的整理与清扫； ④填写作业（施工）

技能训练 2：作业（施工）日志填写。根据施工进程，填写作业（施工）日志（见表 2-6-6）。

表 2-6-6　作业（施工）日志

任务名称				
作业日期	____年____月____日星期____		作业地点（或工位号）	
作业人员				

作业前准备工作：
注：从着装开始，梳理作业的准备工作，完成相应的引导问题并确认以下四项内容，确认后打√

□着装检查符合要求	□器材领用与检查	□设备领用与检查	□工机具领用与检查

其他准备工作：

安全风险控制：

作业中存在的问题及解决方法：

任务完成进度和质量：

考核与评价

请作业人员、小组成员和教师依据表 2-6-7 完成本次任务考核。

表 2-6-7 考核赋分表

评价项目	评价内容	分值	评价分数		
			自评	互评	师评
职业素养 40%	穿戴规范、整洁: ①衣着得体大方、整洁;(2) ②穿戴符合安全生产要求(3)	5			
	安全意识、责任意识: ①工机具摆放合理,符合安全生产要求;(2) ②作业过程中穿戴好防护用具(3)	5			
	积极参加教学活动,及时完成工作活页: ①课前完成准备阶段活页填写;(3) ②课中完成实施阶段活页填写;(4) ③内容填写规范,用语标准、描述准确(3)	10			
	团队合作能力: ①工机具协商分配使用;(2) ②能按分工表分工进行作业(3)	5			
	劳动纪律: ①现场施工秩序良好;(2) ②不跨工位操作;(1) ③不随意走动、聊天(2)	5			
	生产现场 6S 管理: ①现场工机具、器材、设备摆放合理、整齐;(2) ②保持施工现场的整洁;(2) ③施工有序、规范操作;(2) ④施工完毕后,工机具整理、现场清扫与整理;(2) ⑤将施工垃圾分类,并清扫(2)	10			
专业能力 60%	自行查找专业知识: 能通过教材、在线教学平台、互联网查找相关知识,并使用标准用语或标准符号填写活页(10)	10			
	作业(或施工)过程规范: ①工序正确;(2) ②工机具使用规范;(2) ③不踩踏器材、工机具(1)	5			
	操作熟练度和工作效率: ①能熟练完成配线架的安装;(2) ②能熟练完成配线架配线;(2) ③熟记相关标准和工艺(1)	5			
	项目验收: ①项目完成度;(5) ②配线架安装良好;(5) ③双绞线电缆整理美观,曲率半径符合要求;(5) ④配线架配线正确,符合端口对应表要求;(5) ⑤测试良好;(5) ⑥配线架和双绞线回收正常,无配件丢失;(10) ⑦现场整洁(5)	40			
总评	自评得分:________互评得分:________师评得分:________ 自评 ×20% + 互评 ×20% + 师评 ×60% ≥85 分优秀,≥75 分良好,≥65 分合格	综合得分			
		综合评价			

相关知识

一、机柜安装

1. 机柜及其内设置安装

(1)机柜安装前检查

①检查机柜及配件。机柜安装前必须检查机柜及配件的完整性,如机柜整体是否有破损变形、支撑柱是否完好等,机柜标配的配件是否完整并且功能正常如排风设备、设备托板数量、机柜滑轮等。

②按图施工。在进行机柜安装前需要根据综合布线系统设计图纸确认机柜的安装位置、安装数量,根据图纸检查机柜安装环境,确保机柜安装的位置、朝向符合设计要求。若是改造工程,可根据用户要求或场地实际状况进行机柜安装。

③场地检查。根据机柜的型号检查机柜安装环境是否满足机柜的安装要求,如机柜搬运的路径是否满足机柜搬运条件、电梯是否满足机柜通过等。检查机柜安装位置,是否能够正常安装机柜,机架或机柜前面的净空不应小于 800 mm,后面的净空不应小于 600 mm。

(2)安装机柜注意事项

机柜必须安装稳固,不可出现安装好后机柜有晃动迹象,如果对机柜安装有抗震要求,需要按照施工图设计的抗震设计进行加固;

若安装机柜的场地为活动地板,则机柜不宜直接安装在活动地板上,应当根据机柜的底平面尺寸制作加固底座,加固底座直接与地面固定,机柜固定在底座上,然后铺设活动地板;

安装壁挂式机柜时,壁挂式机柜应当安装在距地面不少于 1 800 mm 的高度;

机柜上的固定螺钉、垫片和弹簧垫圈均应按要求紧固,不得遗漏;

安装壁挂式机柜时应当注意墙体内是否有暗埋的线管,在墙体上开孔时需要避免破坏墙体内管线,开孔深度不得低于 70 mm,固定机柜所用膨胀螺钉不得少于四个;

安装机柜要做好防雷接地保护;

柜体安装完毕应做好标识,标识应统一、清晰、美观。

机柜内线缆、设备安装完毕后,柜体进出线缆孔洞应采用防火胶泥封堵;做好防鼠、防虫、防水和防潮处理。

2. 机柜内设备安装

(1)机柜内设备安装注意事项

机柜内设备安装以机柜布局图为准,若无机柜布局图,一般可以将机柜分为配线区、设备区两部分,为了维持机柜的稳定性,一般遵循“上轻下重”的原则。安装配线架、交换机、路由器、服务器、PDU 等设备时,要求安装水平、稳固、不松动,固定螺钉齐全。

(2)机柜内走线注意事项

机柜内除了安装各种设备,还需对机柜内线缆进行走线、理线、配线。在机柜内敷设、安装线缆时有以下注意事项:

①机柜内的缆线在布放时应当遵循“横平竖直”的原则,保证线缆的自然平直,不应受外力的挤压,不得有扭绞、打卷、损伤等现象,弯曲弧度不应小于线缆的曲率半径。

②在机柜内进行线缆配线作业时缆线两端应贴有标签,应标明编号,标签书写应清晰,端正和正确,标签应选用不易损坏的材料,建议使用专用的标签打印机制作标签。

③在线缆预留方面,对于固定安装的机柜,预留长度在 1 ~ 1.5 m,预留线应尽量隐蔽;对于可移动的机柜,进入机柜的线缆预留在改机柜的入口处,应至少预留 1 m,此外各种线缆的预留长度

差应不超过 0.5 m。

④为了方便后期维护,机柜内缆线在配线端接完成后留有余量。

⑤机柜内光缆布放需要预留长度宜为 3 ~5 m,将预留的光缆进行盘留,如有特殊要求的按照设计要求预留长度。

⑥线缆敷设时,需要严格遵循“强电弱电分开”的原则。

⑦配线缆线在进行配线作业前必须核对缆线标识内容是否正确,配线缆线中间不允许有接头,缆线端接配线处必须牢固、接触良好,缆线配线端接应符合设计和施工要求。

⑧对尾纤进行理线时宜用专用的绑扎带整理,整理时不可绑扎过于紧实,避免损伤尾纤。

二、配线架

配线架是综合布线系统工程中常用的配件之一,其功能是对水平链路、垂直/干线链路线缆进行配线,可用于光缆、双绞线电缆、电话电缆的配线。

配线架根据功能不同分为数据配线架(RJ-45 网络配线架)、语音配线架(RJ-11 语音配线架)、110 配线架以及光纤配线架①,如图 2-6-2 所示。

(a)24口数据配线架

(b)25口语音配线架

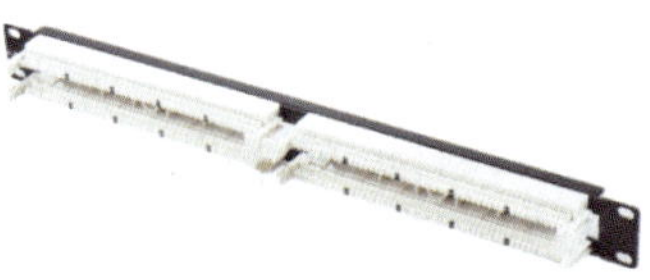

(c)100对110配线架

图 2-6-2 配线架

1. 数据配线架

数据配线架也称网络配线架,用于四对双绞线电缆的配线,另一端可以水平链路的信息模块或 RJ-45 水晶头,也可以是垂直/干线链路的配线架或 RJ-45 水晶头。数据配线架是四对双绞线电缆配线端,选择配线架时需根据双绞线电缆的类别、等级进行选配。常见的数据配线架有屏蔽和非屏蔽数据配线架,模块化和非模块化数据配线架等,如图 2-6-3 所示,根据双绞线电缆选配即可。

(a)Cat.5e 24口非模块化配线架

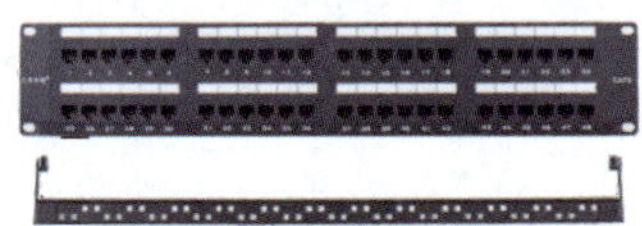

(b)Cat.6 48口非模块化配线架

(c)Cat.5e 24口模块化配线架

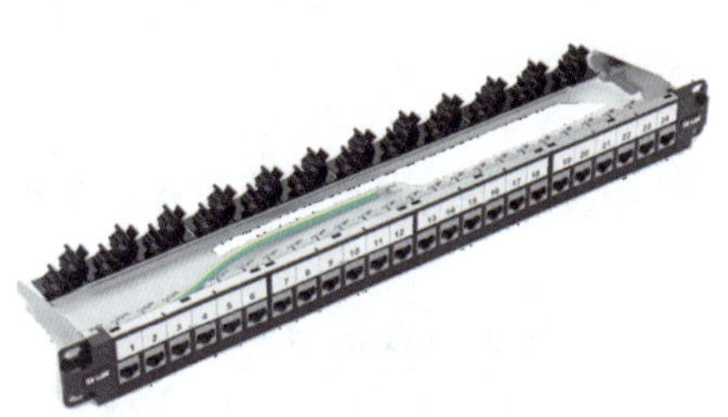

(d)Cat.7 24口模块化屏蔽配线架

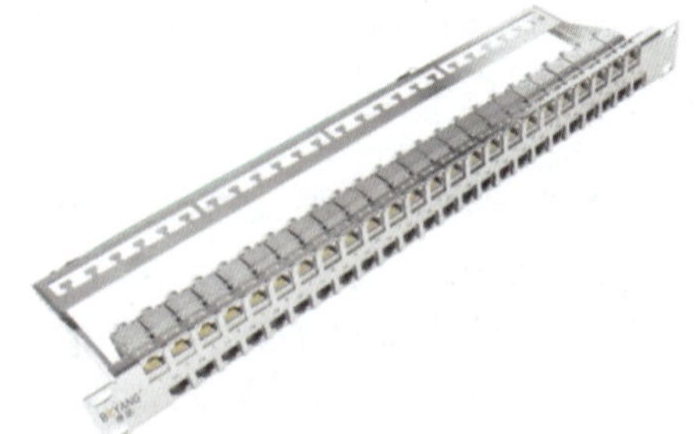

(e)Cat.6 48口模块化屏蔽配线架

图 2-6-3 数据配线架

① 110 配线架在模块二任务七有介绍,此处略;光纤/光缆配线架在模块二任务十一有介绍,此处略。

2. 语音配线架

电话语音配线架主要应用在机房布线系统中，主要是传输电话语音数据，一般有 25 口和50 口两种，能安装至标准的 19 英寸机柜，如图 2-6-4 所示。配线方法与数据配线架配线方法基本一致，可用于连接语音干线电缆(大对数电缆)，也可用于永久链路配线。语音配线架为保证通话质量，PCB 板会一般设计一根接地线。

(a) 25口语音配线架

(b) 25口语音配线架

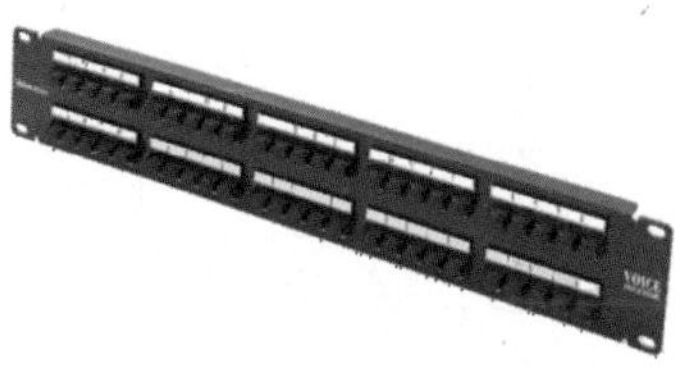
(c) 50口语音配线架

图 2-6-4　语音配线架

非屏蔽 Cat. 5e 4X UTP 110 型配线架配线

任务七　完成 Cat. 5 25 对大对数电缆配线

任务目标

工作任务	相邻小组相互配合完成机柜内 Cat. 5 25 对大对数电缆配线
任务要求	(1)110 配线架要求安装在 8U 的位置，安装水平、稳固、固定良好； (2)机柜内线缆整理必须符合“横平竖直”的要求，过渡处必须符合干线电缆的曲率半径要求； (3)使用四对连接块时，要求用五个四对连接块和一个五对连接块，五对连接块配在最后五对；使用五对连接块时，直接使用五个五对连接块。此两种连接块的配线方式只能根据 110 配线架附带的连接块选择其一

任务准备

认识大对数电缆及其连接器件

请自行查阅资料或观看视频，完成以下工作准备。

引导问题 1：请写出 25 对大对数的主色、辅色、线对颜色。

主　色	辅　色									
	1		2		3		4		5	
	6		7		8		9		10	
	11		12		13		14		15	
	16		17		18		19		20	
	21		22		23		24		25	

引导问题2:110 型配线架可使用四对连接块和五对连接块进行配线。请回答以下问题。

110 型配线架可与(　　)根四对双绞线电缆配线,使用(　　)个四对连接块(　　)个五对连接块。110 型配线架与 25 对大对数电缆配线时,使用(　　)个四对连接块(　　)个五对连接块,或使用(　　)个 5 对连接块。

引导问题3:若 110 配线架与四对双绞线线缆配线,请写出配线的线序。

____

____

____

引导问题4:请写出至少三种以上的鸭嘴跳线类型,并说明本任务用于测试的鸭嘴跳线类型①。

____

____

____

引导问题5:请在图 2-7-1 所示的 110 型配线架中标出配线是 1 对、25 对、26 对、50 对、51 对、75 对、76 对、100 对的位置。

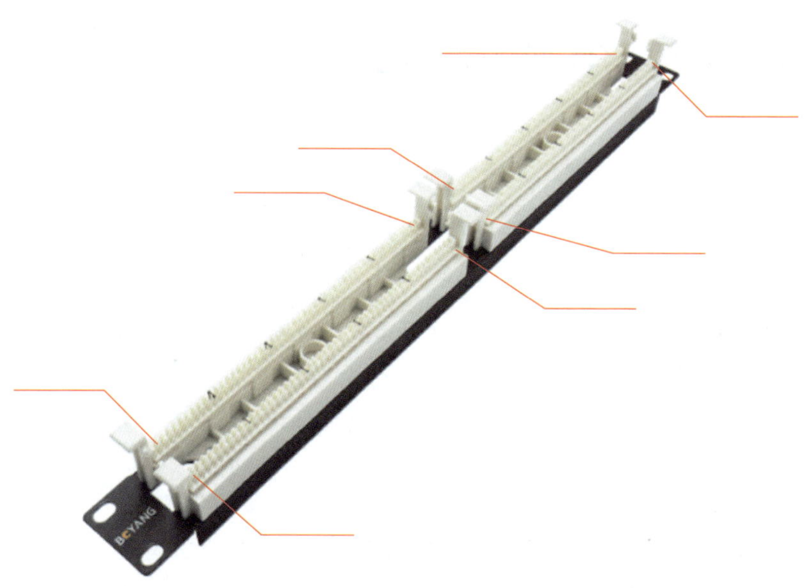

图 2-7-1　110 型配线架的线对序号

引导问题6:25 对大对数主干电缆敷设时、理线时,曲率半径不得少于多少?

____

____

____

① 可在模块三任务二中找到相关知识。

引导问题7：请有序组织施工。请为小组成员合理分配任务，填写施工作业人员安排表(见表2-7-1)。

表2-7-1　施工作业人员安排表

施工作业人员	分配作业内容

引导问题8：器材准备。填写任务所需的器材(见表2-7-2)。

表2-7-2　器材选用表

序　号	器材名称	器材型号	数　量	单　位

引导问题9：工机具准备。填写任务所需的工机具(见表2-7-3)。

表2-7-3　工机具选用

序　号	工机具名称	功　　能

技能训练

技能训练1：请遵循表2-7-4的作业步骤完成任务。

25对大对数110型配线架配线(视频)

25对大对数110型配线架配线(文本)

表 2-7-4 作业步骤

作业步骤	作业内容及标准	完成任务
作业前准备	①做好作业前准备工作,填写表 2-7-1; ②穿好实训服、佩戴好劳保用品; ③领取器材和工机具	①填写表 2-7-2 器材选用表; ②填写表 2-7-3 工机具选用表; ③根据器材选用表领用作业器材; ④根据工机具选用表领用作业工机具
材料检查	①查看 25 对大对数双绞线电缆,确认线缆型号无误,目视无损伤; ②检查 110 配线架及配件,配件型号、数量无误	
布线、理线	①将 25 对大对数电缆由机柜下方进线口布放入机柜中,预留长度 3 ~5 m;另一端布放至邻近小组的机柜; ②将 25 对大对数电缆根据“横平竖直”原则在机柜中整理好,弯曲半径不少于电缆外径的 10 倍	
安装 110 配线架	将 110 型配线架安装至机柜的 8U 位置,要求安装水平、稳固,固定良好	
开缆	①将进整理好的 25 对大对数电缆按照 110 配线架的进线口位置进行开缆; ②将已开缆的大对数电缆穿过 110 配线架的进线口	
理线	①25 对大对数电缆按照主色:白、红、黑、黄、紫,辅色:蓝、橙、绿、棕、灰的线序卡入 110 配线架的 1 ~25 对的线槽内; ②使用打线刀将 25 对大对数芯线打入 110 配线架的线槽中,并去除多余线头	
端接连接块	使用大对数打线刀将 110 配线架配套的连接块按照从左往右的方向打入 110 配线架中。 **注意**:使用五个四对连接块和一个五对连接块;打线刀与配线架保持垂直	
测试	①准备两根鸭嘴跳线,四对鸭嘴-RJ-45; ②在 25 对大对数双绞线两端的 110 配线架连接块上分别插入鸭嘴跳线的连接头; ③鸭嘴跳线另一端的 RJ-45 水晶头插入网络测线仪的 RJ-45 插口; ④用网络测线仪进行测试,若测线仪 1 ~8 指示灯依次对应全亮则表示配线成功,依次完成 25 对测试	
任务结束	①回收大对数电缆、110 配线架及配件; ②整理工机具; ③现场的整理与清扫; ④铜缆垃圾放入可回收垃圾桶	①回收可用器材; ②整理工机具; ③整理与清扫现场; ④填写作业(施工)日志

技能训练 2:作业(施工)日志填写。根据施工进程,填写作业(施工)日志(见表 2-7-5)。

表 2-7-5　作业(施工)日志

任务名称				
作业日期	____年____月____日星期____		作业地点(或工位号)	
作业人员				

作业前准备工作:
注:从着装开始,梳理作业的准备工作,完成相应的引导问题并确认以下四项内容,确认后打√

□着装检查符合要求	□器材领用与检查	□设备领用与检查	□工机具领用与检查

其他准备工作:

安全风险控制:

作业中存在的问题及解决方法:

任务完成进度和质量:

考核与评价

请作业人员、小组成员和教师完成本次任务考核与评价(见表 2-7-6)。

表 2-7-6　考核赋分表

评价项目	评价内容	分值	评价分数		
			自评	互评	师评
职业素养 40%	穿戴规范、整洁: ①衣着得体大方、整洁;(2) ②穿戴符合安全生产要求(3)	5			
	安全意识、责任意识: ①工机具摆放合理,符合安全生产要求;(2) ②作业过程中带好防护用具;(2) ③设备使用符合规范(1)	5			
	积极参加教学活动,及时完成工作活页: ①课前完成准备阶段活页填写;(3) ②课中完成实施阶段活页填写;(4) ③内容填写规范,用语标准、描述准确(3)	10			

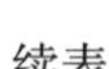

续表

评价项目	评价内容	分值	评价分数		
			自评	互评	师评
职业素养 40%	团队合作能力: ①团队分工协作、分工合理;(3) ②协商解决问题,不蛮干、单干(2)	5			
	劳动纪律: ①现场施工秩序良好;(2) ②不跨工位操作;(1) ③不随意走动、聊天(2)	5			
	生产现场6S管理: ①现场工机具、器材、设备摆放合理、整齐;(2) ②保持施工现场的整洁;(2) ③施工有序、规范操作;(2) ④施工完毕后,工机具整理、现场清扫与整理;(2) ⑤将施工垃圾清扫并分类(2)	10			
专业能力 60%	自行查找专业知识: 能通过教材、在线教学平台、互联网查找相关知识,并使用标准用语或标准符号填写活页(10)	10			
	作业(或施工)过程规范: ①工序正确;(2) ②工机具使用规范;(1) ③设备使用规范;(1) ④不随意踩踏线缆(1)	5			
	操作熟练度和工作效率: ①基本施工技艺娴熟;(2) ②大对数电缆色谱顺序熟记,打线规范;(2) ③施工进度符合要求(1)	5			
	项目验收: ①项目完成度;(5) ②大对数电缆敷设符合规范;(5) ③110型配线架安装符合规范;(5) ④连接块打接稳固,整齐;(10) ⑤测试良好;(10) ⑥现场整洁(5)	40			
总评	自评得分:________互评得分:________师评得分:________ 自评×20%+互评×20%+师评×60% ≥85分优秀,≥75分良好,≥65分合格	综合得分			
		综合评价			

相关知识

一、大对数电缆

1. 大对数电缆

大对数双绞线电缆是用于语音干线子系统中常用电缆,四对以上的双绞线电缆称为大对数双绞线电缆,常见的大对数双绞线电缆有5对、10对、25对、50对、100对、200对等,如图2-7-2所示。以25对大对数双绞线电缆为例,型号记为5类:室外电缆HYA-25×2×0.5(室内电缆HSYV-25×2×0.5),或3类:室外电缆HYA-25×2×0.4(室内电缆HSYV-25×2×0.4);5类电缆相较于3类电缆,线径更粗,线对的对绞长度更短。

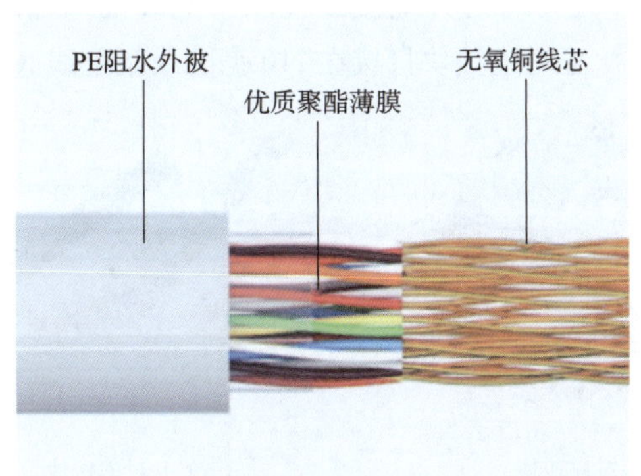

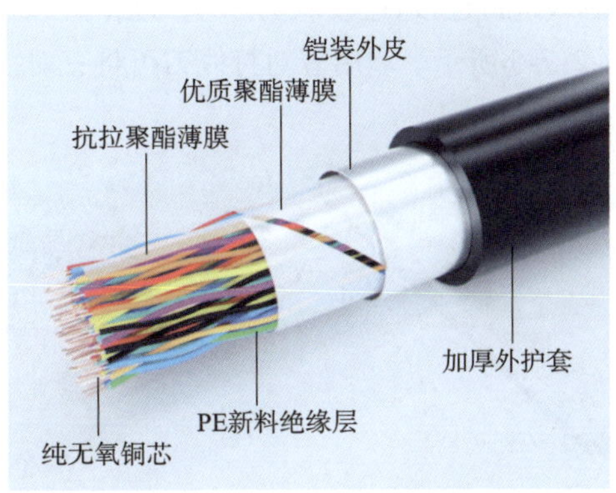

图 2-7-2 室内大对数电缆

2. 大对数电缆的色谱

大对数双绞线电缆采用 25 对国际工业标准彩色进行管理,分为主色(a 线):白、红、黑、黄、紫,辅色(b 线)蓝、橙、绿、棕、灰,见表 2-7-7。以 25 对大对数电缆为例,色谱构成如图 2-7-3 所示。

表 2-7-7 25 对大对数电缆色谱

主色	辅色									
	蓝		橙		绿		棕		灰	
白	1	白蓝	2	白橙	3	白绿	4	白棕	5	白灰
红	6	红蓝	7	红橙	8	红绿	9	红棕	10	红灰
黑	11	黑蓝	12	黑橙	13	黑绿	14	黑棕	15	黑灰
黄	16	黄蓝	17	黄橙	18	黄绿	19	黄棕	20	黄灰
紫	21	紫蓝	22	紫橙	23	紫绿	24	紫棕	25	紫灰

若需对 25 对以上的大对数双绞线电缆进行编码管理,则以 25 对双绞线为基本单元进行管理。以 100 对大对数双绞线电缆为例,1 ~ 25 对双绞线为第一小组,使用白蓝相间的色带缠绕;26 ~ 50 对双绞线为第二小组,使用白橙相间的色带缠绕;51 ~ 75 对双绞线为第三小组,使用白绿相间的色带缠绕;76 ~ 100 对双绞线为第四小组,使用白棕相间的色带缠绕。

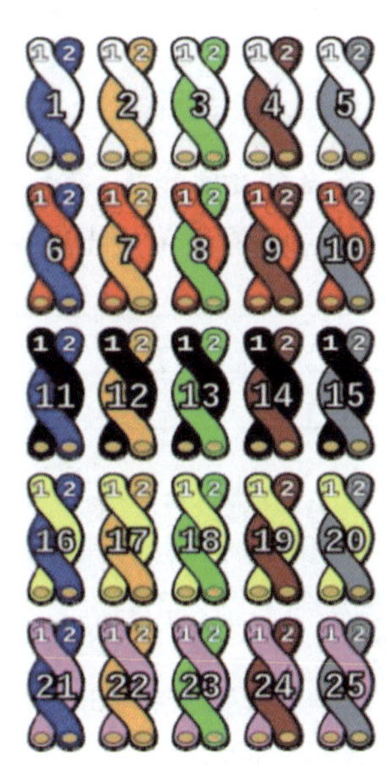

图 2-7-3 25 对大对数编码

二、110 型配线架

110 型连接管理系统的基本部件由 110 配线架、连接块和标签组成。配线架适用于 25 对、50 对、100 对等多种规格的大对数双绞线电缆,常用的 110 型配线架可以满足 100 对双绞线的配线需求。110 型配线架其上装有若干齿形状线槽用于固定双绞线,配线架正面从左到右均有色标,线对卡槽的编号从上至下、从左至右依次编为 1 ~ 25 对、26 ~ 50 对、51 ~ 75 对、76 ~ 100 对,如图 2-7-4 所示。

110 型配线架与双绞线实现电气连接需要使用连接块,每个

110 型配线架都配有一定数量的连接块。连接块一端是带有裸露刀片的接头,用来与 110 型配线架卡槽内芯线进行连接,连接块另一端与信息模块一样是带有刀片的接线柱用于配线或鸭嘴跳线连接,如图 2-7-5 所示。利用五对打线刀可将三对/四对/五对连接块打接在 110 型配线架配线底座上。

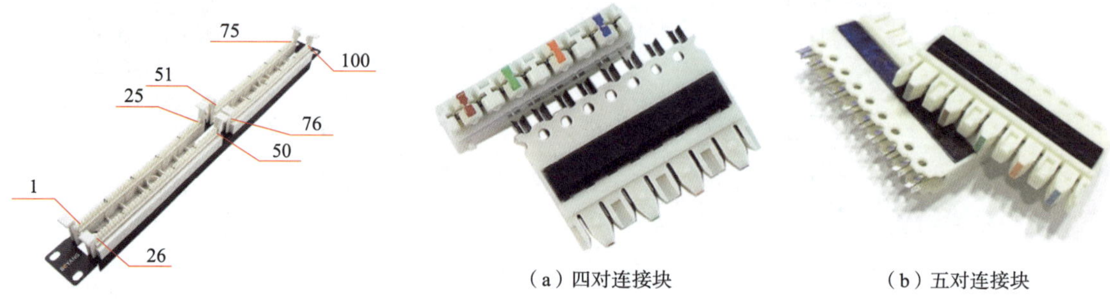

图 2-7-4　110 型配线架

（a）四对连接块　（b）五对连接块

图 2-7-5　连接块

不同的连接块所能端接的芯线对数不同,主要分为三对连接块、四对连接块以及五对连接块,每个连接块接线柱上都带颜色标识以辅助进行配线操作。通常配线的是大对数或是四对双绞线,因此 110 型配线架配线时会使用五个四对连接块和一个五对连接块来进行配线作业,若配线的是大对数电缆,也考虑使用五个五对连接块。

任务八　完成皮线光缆端接 SC 冷接子

任务目标

工作任务	完成皮线光缆 SC 冷接子端接
任务要求	(1)要求使用单芯室内皮线光缆; (2)制作好的 SC 冷接子必须连接到 SC 口的光纤信息面板; (3)任务完成后,必须正确回收 SC 冷接子和 SC 口光纤信息面

任务准备

请自行查阅资料,完成以下工作。

引导问题 1:请写出冷接子的端接原理。

____

____

____

小提示:冷接子的端接/接续原理

预置光纤冷接子的接续点在连接器内部,并预置有匹配液,制作好端面的光纤线芯在冷接子中匹配液的辅助下与光纤冷接子的陶瓷纤芯连接,完成光信号的传输。

引导问题 2:请写出两种以上的冷接子(须包含本任务的冷接子),并说明它们的作用。

____

____

小提示：SC 冷接子及其结构

SC 冷接子由主体、尾帽、外壳、防尘帽等四部分组成，如图 2-8-1 和图 2-8-2 所示。主体上的开关可以锁住或释放光纤。

图 2-8-1　SC 冷接子

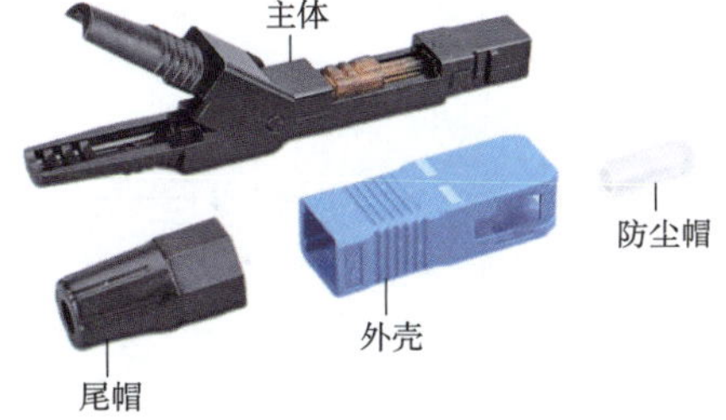

图 2-8-2　SC 冷接子结构

引导问题 3：请说明光纤的结构。

引导问题 4：皮线光缆有哪几种类型？写出至少两种以上。

引导问题 5：列出三种以上 FTTx 类型，并释义。

引导问题 6：你拿到的 SC 冷接子在端面制作时，各部长度如何要求？请参照图 2-8-3 写出来。

L_a的长度：____________________

L_b的长度：____________________

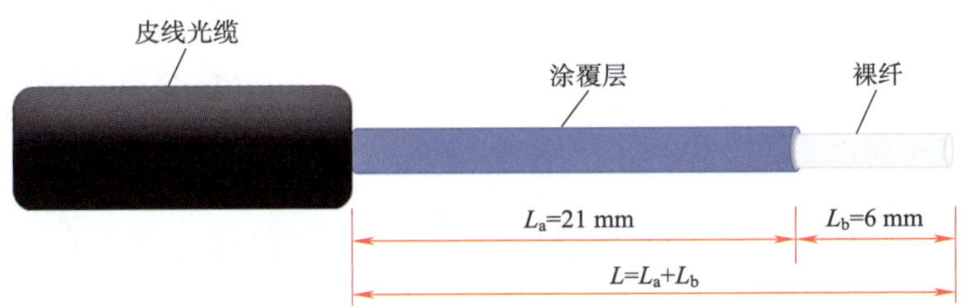

图 2-8-3　某型 SC 冷接子端面制作时光纤预留长度

小提示：不同的冷接子（或不同厂商生产的冷接子）在端面制作时，要求预留长度 L_a 和 L_b 不一定相同，作业时请遵循厂商出具的使用说明。

引导问题 7：器材准备。填写任务所需要的器材选用表（见表 2-8-1）。

表 2-8-1　器材选用表

序　号	器材名称	器材型号	数　量	单　位

引导问题8:工机具准备。填写任务所需要的工机具选用表(见表2-8-2)。

表2-8-2　工机具选用表

序　号	工机具名称	功　　能

技能训练

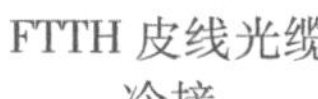
FTTH 皮线光缆冷接

FTTH 皮线光缆冷接作业指导书

技能训练1:请遵循表2-8-3的作业步骤完成工作任务。

表2-8-3　作业步骤

作业步骤	作业内容及标准	完成任务
作业前准备	做好作业前准备工作:穿好实训服、佩戴好劳保用品、领取器材和工机具等	①填写表2-8-1器材选用表; ②填写表2-8-2工机具选用表; ③根据器材选用表领用作业器材; ④根据工机具选用表领用作业工机具
材料检查	①查看皮线光缆完整性,光缆是否由破损、过度弯折等现象; ②检查SC冷接子外观与部件是否完整,查看SC冷接子的安装说明书; ③检查SC耦合器以及光纤信息面板是否完整	
拆分SC冷接子	①将SC冷接子拆分成保护套、SC冷接子主体、尾帽三部; ②将SC冷接子尾帽套入皮线光缆上备用	
开缆	①使用皮线开缆刀开剥皮线光缆,长度为5~6 cm; ②开缆完成后检查纤芯是否完好,若纤芯受损则需重新开缆 小提示:可用手指轻弹光纤,判断纤芯是否受损	
端面制作	①使用专用夹具或SC冷接子的说明书,确认需要留下的涂覆层长度; ②用米勒钳去除纤芯上多余的涂覆层; ③使用无尘纸或脱脂棉球蘸取酒精清洁裸纤; ④使用光纤切割刀切除多余纤芯,完成端面制作	
安装SC冷接子	①取出SC冷接子主体,将SC冷接子主体上的锁止开关拨到解锁(ON)状态; ②将制作好端面皮线光缆纤芯沿着导槽轴向放入SC冷接子中,观察纤芯状态,若纤芯安装到位并且纤芯出现轻微弯曲状态,将SC冷接子主体上的开关拨到锁定状态; ③将SC冷接子的尾帽与保护套复位	

续表

作业步骤	作业内容及标准	完成任务
安装光纤信息面板	①将 SC 耦合器安装在光纤信息面板； ②将皮线光缆的 SC 冷接子插入光纤信息面板背面的 SC 耦合器接口上	完成一端的 SC 冷接头制作
制作另一端	重复上述步骤，制作另一端	完成另一端的 SC 冷接头制作
测试	①使用一根 SC-SC 的光纤跳线，一头插与光纤信息插座的 SC 接口进行连接，另一头连接光纤测试用的红光笔上； ②打开红光笔开关，查看另一端面板处，如有明显光亮则表示皮线光缆的 SC 冷接子端接成功 注：若需要详细测试，可以用光功率计配合稳定光源测试光纤链路，冷接损耗在 0.1～0.5 dB 之间	
任务结束	①SC 冷接子、SC 信息面板属于可回收耗材，任务结束后拆除并进行回收； ②整理与清扫； ③纤头、塑料外被等放入有害垃圾桶	①整理工机具； ②回收可用耗材； ③完成作业现场的整理与清扫； ④填写施工日志

技能训练 2：作业（施工）日志填写。根据施工进程，填写作业（施工）日志（见表 2-8-4）。

表 2-8-4　作业（施工）日志

任务名称					
作业日期	____年____月____日星期____		作业地点（或工位号）		
作业人员					

作业前准备工作：
注：从着装开始，梳理作业的准备工作，完成相应的引导问题并确认以下四项内容，确认后打√

□着装检查符合要求	□器材领用与检查	□设备领用与检查	□工机具领用与检查

其他准备工作：

安全风险控制：

作业中存在的问题及解决方法：

任务完成进度和质量：

考核与评价

请作业人员、小组成员和教师依据表2-8-5完成本次任务考核。

表2-8-5　考核赋分表

评价项目	评价内容	分值	评价分数		
			自评	互评	师评
职业素养 40%	穿戴规范、整洁： ①衣着得体大方、整洁；(2) ②穿戴符合安全生产要求(3)	5			
	安全意识、责任意识： ①工机具摆放合理，符合安全生产要求；(2) ②作业过程中穿戴好防护用具(3)	5			
	积极参加教学活动，及时完成工作活页： ①课前完成准备阶段活页填写；(3) ②课中完成实施阶段活页填写；(4) ③内容填写规范，用语标准、描述准确(3)	10			
	团队合作能力： 工机具协商分配使用(5)	5			
	劳动纪律： ①现场施工秩序良好；(2) ②不跨工位操作；(1) ③不随意走动、聊天(2)	5			
	生产现场6S管理： ①现场工机具、器材、设备摆放合理、整齐；(2) ②保持施工现场的整洁；(2) ③施工有序、规范操作；(2) ④施工完毕后，工机具整理、现场清扫与整理；(2) ⑤将施工垃圾分类，并清扫(2)	10			
专业能力 60%	自行查找专业知识： 能通过教材、在线教学平台、互联网查找相关知识，并使用标准用语或标准符号填写活页(10)	10			
	作业(或施工)过程规范： ①工序正确；(2) ②工机具使用规范；(2) ③不踩踏器材、工机具(1)	5			
	操作熟练度和工作效率： ①能熟练使用SC冷接子完成与皮线光缆的冷接操作；(2) ②相关标准和工艺熟记；(2) ③施工进度符合要求(1)	5			
	项目验收： ①项目完成度；(5) ②SC冷接子与皮线光缆端接符合要求，测试良好，SC信息插座安装正确；(15) ③正确回收SC冷接子、SC信息面板，配件完整无损坏(15)； ④现场整洁(5)	40			
总评	自评得分：________互评得分：________师评得分：________ 自评×20%+互评×20%+师评×60% ≥85分优秀，≥75分良好，≥65分合格	综合得分			
		综合评价			

相关知识

认识光缆及其连接器件

一、光纤

1. 光纤

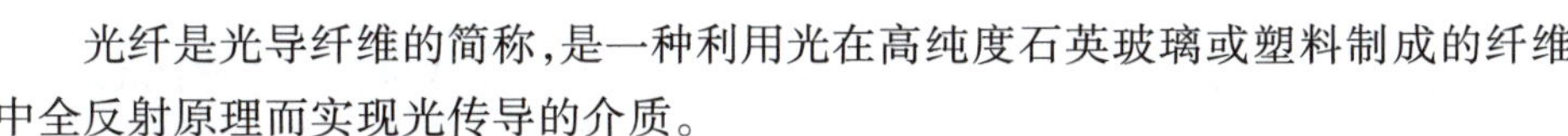

光纤是光导纤维的简称，是一种利用光在高纯度石英玻璃或塑料制成的纤维中全反射原理而实现光传导的介质。

光纤传输的特点：

(1)传输损耗低①。

(2)传输频带宽，光纤的频宽可达 1 GHz 以上。

(3)抗干扰性强，光纤传输中的载波是光波，不易受干扰，尤其是强电干扰。

(4)安全性能高，光纤无法像电缆一样进行窃听，一旦光缆遭到破坏马上就会发现，因此安全性更强。

(5)质量小，机械性能好，相较电缆，光缆不会因为芯数增加而质量成倍增长。

(6)保护良好的光纤信道寿命长，光缆的使用寿命长达 30 ~ 50 年。

2. 光纤结构

如图 2-8-4 所示，光纤由芯层(纤芯)、包层、涂覆层组成。芯层和包层是由两种折射率不同的玻璃组成且不可分离；涂覆层保护玻璃光纤不受损坏，剥除涂覆层的光纤又称裸纤。

芯层
涂覆层
包层

图 2-8-4 光纤结构

3. 光纤分类

在工程应用中，光纤一般按照单模光纤(SMF)和多模光纤(MMF)分类。单模光纤传输距离长，一般使用在传输距离大于 2 km 的光链路，信号激光波长有 1 310 nm、1 383 nm、1 460 nm、1 550 nm、1 625 nm；多模光纤传输距离较短，一般使用在传输距离小于 2 km 的光链路中，信号激光波长有 850 nm 和 1 300 nm。

4. 光纤通信系统的原理

光纤通信系统的原理是在发送端把传送的信息如语音、图像、数据等变成电信号，然后调制转换成光信号，光发射器将光信号通过光纤作为传输介质传输到目的地；在目的地接收端，光接收器收到光信号后把它变换成电信号，经解调后恢复原信息，这样组成了一套完整的光纤通信系统。通常此类系统中的光发射器、光接收器、光电调制器集中在光纤收发器(光端机)、光猫以及带有光口的交换机/路由器等设备上。

二、皮线光缆

皮线光缆多为单芯、双芯结构(也有 4 芯、6 芯、8 芯、12 芯等结构)，横截面呈 8 字形，加强件是 FRP 或金属加强件，光纤位于 8 字形的几何中心。皮线光缆适合在楼内以管道方式或布明线方式入户。皮线光缆一般分为承载式和非承载式，如图 2-8-5 和图 2-8-6 所示。

---

① 光纤传输损耗与光纤的类型及光的波长有关，详见通信光缆国家标准 GB/T 13993.1—2016、GB/T 13993.2—2014、GB/T 13993.3—2014、GB/T 13993.4—2014。

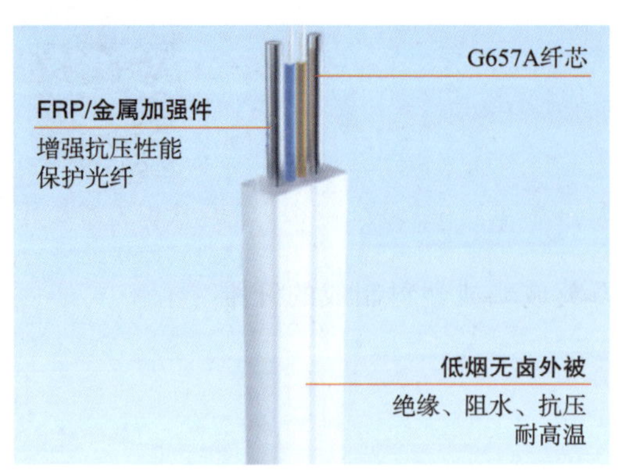

图 2-8-5　室内非承载式 2 芯皮线光缆

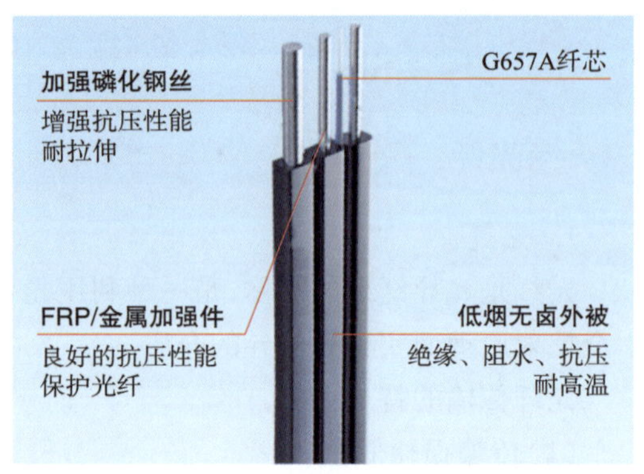

图 2-8-6　室外承载式 2 芯皮线光缆

三、冷接子

冷接是通过专用的冷接子对光纤进行机械接续或端接,可在几分钟内完成光纤的接续或端接作业,技术要求较低,操作容易上手。

光纤冷接子有不同的型号,有进行光纤续接的光纤对接冷接子、预埋式 SC 冷接子。预埋式结构采用的是一段裸纤预先置入陶瓷插芯内,并将顶端进行研磨,操作者只需将切割好光纤后插入即可。由于预埋结构前面预埋纤工厂研磨且对接处填充匹配液,因此不过度依赖光纤端面切割的平整度。常见冷接子如图 2-8-7 所示。

皮线光缆接续(采用预埋式皮线光缆连接子)

光纤冷接接续(采用 L925B 冷接子)(视频)

光纤冷接接续(采用 L925B 冷接子)(文本)

(a)光纤接续冷接子

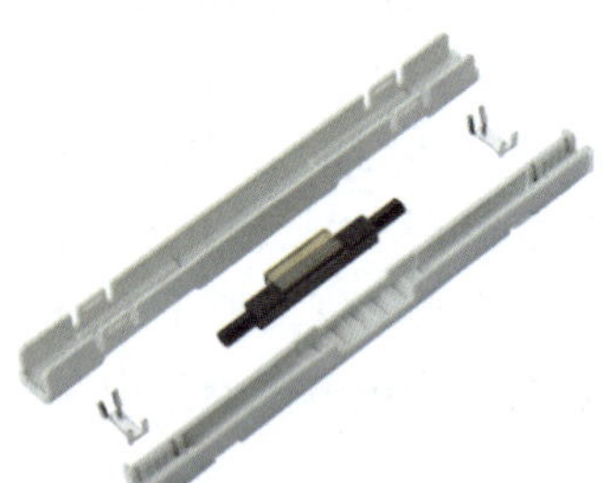

(b)皮线光缆接续冷接子

(c)皮线光缆端接冷接子

图 2-8-7　常见冷接子

四、光纤面板

光纤系统的信息插座结构与双绞线信息插座结构大致相同,不同之处在于将双绞线系统信息面板上的 RJ-45 信息模块换成了光纤耦合器;光纤系统的信息插座结构由底盒、光纤信息面板、耦合器组成,如图 2-8-8 和图 2-8-9 所示,同时光纤信息面板使用的底盒深度不得低于 60 mm。

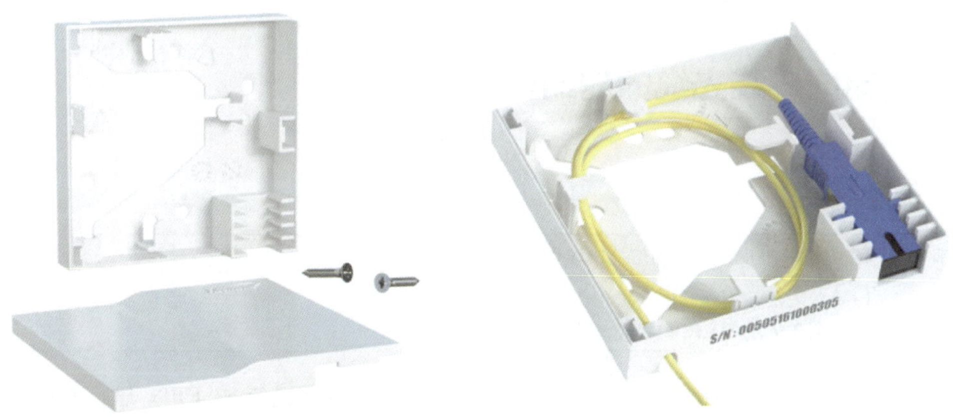

图 2-8-8　有存纤功能的单口光纤面板

（a）斜单口光纤面板

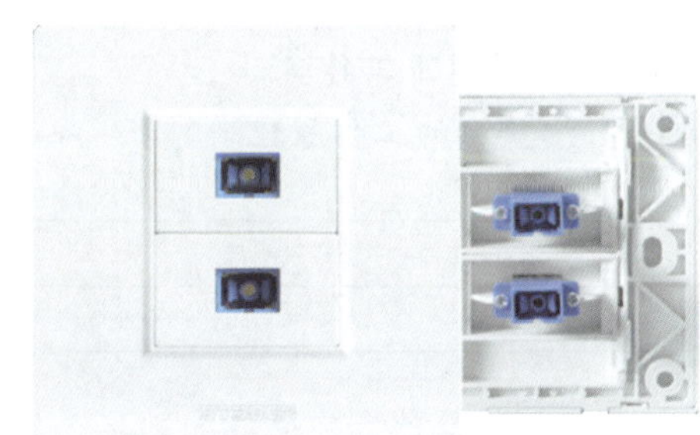

（b）双口光纤面板

图 2-8-9　光纤面板

五、FTTx

FTTx(fiber to the x)技术主要用于接入网络光纤化,范围从区域电信机房的局端设备到用户终端设备,局端设备为光线路终端(optical line terminal,OLT)、用户端设备为光网络单元(optical network unit,ONU)或光网络终端(optical network terminal,ONT)。根据光纤深入用户的程度的不同,光纤接入①可以分为 FTTB(fiber to the building)、FTTH(fiber to the home)、FTTC(fiber to the curb)等。

FTTC 即光纤到路边,使用场景为住宅区,通过路边机柜中安装 OUN 设备,向住宅区提供有线电视、语音、网络等服务。

FTTB 即光纤到楼宇,服务于办公大厦或住宅大厦,在大厦配线处安装 ONU 设备,通常办公大厦的 ONU 设备面向的是大厦内各个单位企业,住宅大厦的 ONU 设备是 FTTC 的延伸。相较于住宅大厦的 ONU,办公大厦的 ONU 对光纤传输的速率要高很多,需要满足大量的电子商务、视频会议需求。

FTTH 是将光纤延伸到终端用户家中,光纤常布放在用户家中的弱电箱,通过 FTTH 的光纤可以向家庭用户提供各种不同的宽带服务,如电话、网络、有线电视等。

---

① 其他 FTTx 形式本书不做介绍。

任务九　完成皮线光缆的成端作业(熔接法)

任务目标

工作任务	每人完成一根皮线光缆的熔接成端作业
任务要求	(1)要求规范使用光纤熔接机; (2)使用3 m的SC-SC单模光纤跳线①制作两端的尾纤

随着国产光纤熔接机质量的提升以及光纤熔接技术的普及,近年来,FTTx开始使用熔接法成端,尤其是FTTH更为普遍。熔接法成端具有稳定性好、损耗小、使用寿命长等特点。

任务准备

请自行查阅资料,完成以下工作。

引导问题1:光纤熔接机的工作原理。

____

____

____

> **小提示:**光纤熔接机的工作原理。
>
> 光纤熔接机是结合了光学技术、电子技术以及精密机械的精密仪器设备,主要用于光纤链路传输系统中光纤的熔接。光纤熔接机的工作原理是利用高压电弧将两光纤断面熔化的同时用高精度运动机构平缓推进让两根光纤融合成一根,以实现光纤模场的耦合。熔接后的光纤具备低损耗、高机械强度的特性,熟练操作者的熔接点损耗一般不超过0.01 dB;在TIA/EIA标准中规范了熔接损耗最大不超过0.3 dB。

引导问题2:请选择适合本任务使用光纤跳线并在其下方打√。

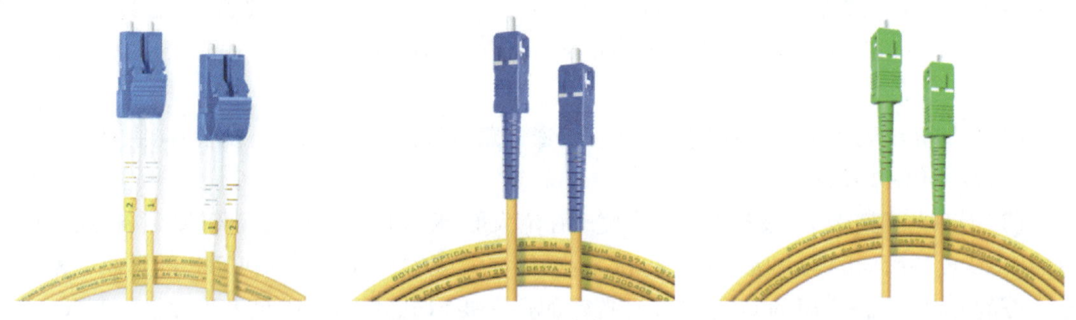

______________　______________　______________

引导问题3:请写出你使用的皮线光缆的型号。

____

① 有关跳线和尾纤的详细介绍请参考模块二任务十。

引导问题4：请写出你使用的热缩套管型号。

小提示：熔接前需要剥除光缆和跳线的保护层，露出裸纤制作端面；熔接完成后，可使用热缩套管保护熔接点，如图2-9-1所示。

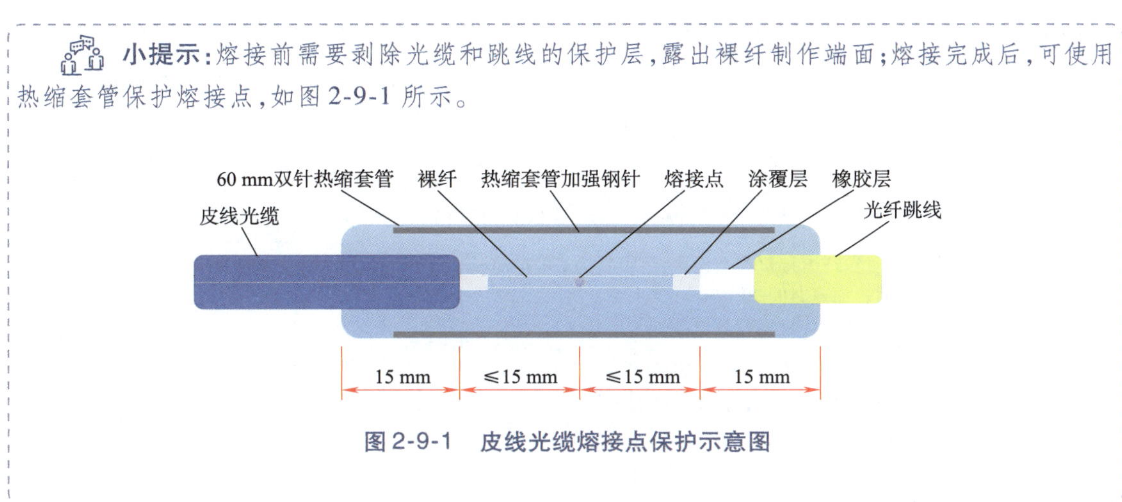

图2-9-1　皮线光缆熔接点保护示意图

引导问题5：器材准备，填写任务所需要的器材选用表（见表2-9-1）。

表2-9-1　器材选用表

序　号	器材名称	器材型号	数　量	单　位

引导问题6：工机具准备，填写任务所需要的工机具选用表（见表2-9-2）。

表2-9-2　工机具选用表

序　号	工机具名称	功　　能

技能训练

FTTH皮线光缆熔接

FTTH皮线光缆熔接作业指导书

技能训练1：请遵循表2-9-3的作业步骤完成工作任务。

表 2-9-3　作业步骤

作业步骤	作业内容及标准	完成任务
作业前准备	做好作业前准备工作:穿好实训服、佩戴好劳保用品、领取器材和工机具等	①填写表 2-9-1 器材选用表; ②填写表 2-9-2 工机具选用表; ③根据器材选用表领用作业器材; ④根据工机具选用表领用作业工机具
材料检查	查看皮线光缆与 SC 尾纤完整性,光缆是否由破损、过度弯折等现象	
光纤熔接机准备	检查光纤熔接机整体状况: ①光纤熔接机电池电量; ②查看光纤熔接机参数设置,可设置为 SM 自动模式,热缩管加热时间 20 ~ 30 s; ③对光纤熔接机进行放电校准	
熔纤准备	①准备好开缆工具、光纤清洁工具; ②将热缩套管预先套在皮线光缆上	
皮线光缆端面制作	①使用皮线开缆刀开剥光缆约 60 mm 并检查纤芯是否完好; ②使用米勒钳去除纤芯上的涂覆层;使用无尘纸蘸取酒精对剥除涂覆层的纤芯进行清洁; ③使用光纤切割刀切割端面,裸纤长度不大于 15 mm	
放入光纤	①将制作好端面的皮线光缆放入熔接机,裸纤精准放入 V 形槽,光纤端面不超过熔接电极; ②盖上防尘盖	
SC 尾纤开缆、切割光纤	①使用米勒钳去除光纤外层套,长度约为 60 mm; ②使用电工剪刀去除 SC 尾纤上的外护套、纺纶线; ③使用米勒钳去除橡胶层,留下约 5 mm,去除涂覆层; ④使用无尘纸蘸取酒精对纤芯进行清洁;使用光纤切割刀完成端面切割,留下长度不超过 15 mm	
放入光纤	①切割好的纤芯放入熔接机的 V 形槽中,光纤端头不要超过熔接电极; ②盖上防尘盖	
开始熔接	光纤熔接机检测到皮线光缆与 SC 尾纤端面没有问题后,熔接机器将自动完成放电熔接操作(或手动按下熔接按钮),完成光纤纤芯的熔接操作;熔接完成后光纤熔接机屏幕上会显示熔接结果以及熔接后的损耗;如果熔接失败请重复开缆、清洁光纤、切割光纤工作后再继续熔接作业	
保护熔接点	①完成熔接操作后,打开光纤熔接机防尘罩以及光纤夹具;将预先套在皮线光缆上的热缩套管平移到光纤熔接处,并保证热缩套管两端的皮线光缆与尾纤的外护套均在热缩套管内; ②将热缩套管外护套放入光纤熔接机加热仓进行加热; **注意:**以上两步,均需保持光纤的绷直状态。 ③加热完成后将加热后的热缩套管放在光纤熔接机的冷却盘上进行冷却,完成光纤熔接点的保护	

续表

作业步骤	作业内容及标准	完成任务
测试	①按照以上方式完成皮线光缆另一端的熔接作业； ②使用测试工具对光纤链路进行测试。将红光笔连接SC尾纤的SC连接头，打开红光笔开关，查看皮线光缆另一端，如有明显红光亮起则表示皮线光缆与SC尾纤熔接成功成功。 **注意**：需要详细测试，可以使用专用的光功率计配合稳定光源设备测光纤链路，查看数值是否达标，熔接后的皮线光缆其损耗通常在0.1～0.2 dB之间	完成一根皮线光缆与SC尾纤的熔接作业
任务结束	①尾纤属可回收耗材，任务结束后拆除并进行回收； ②整理与清扫； ③纤头、塑料外被等放入有害垃圾桶	①整理工机具； ②回收可用耗材； ③完成作业现场的整理与清扫； ④填写施工日志

技能训练2：作业（施工）日志填写。根据施工进程，填写作业（施工）日志（见表2-9-4）。

表2-9-4 作业（施工）日志

<table>
<tr><td>任务名称</td><td colspan="5"></td></tr>
<tr><td>作业日期</td><td colspan="2">____年____月____日星期____</td><td>作业地点
（或工位号）</td><td colspan="2"></td></tr>
<tr><td>作业人员</td><td></td><td></td><td></td><td></td><td></td></tr>
</table>

作业前准备工作：
注：从着装开始，梳理作业的准备工作，完成相应的引导问题并确认以下四项内容，确认后打√

□着装检查符合要求	□器材领用与检查	□设备领用与检查	□工机具领用与检查

其他准备工作：

安全风险控制：

作业中存在的问题及解决方法：

任务完成进度和质量：

考核与评价

请作业人员、小组成员和教师依据表2-9-5完成本次任务考核。

表2-9-5　考核赋分表

评价项目	评价内容	分值	评价分数		
			自评	互评	师评
职业素养 40%	穿戴规范、整洁： ①衣着得体大方、整洁；(2) ②穿戴符合安全生产要求(3)	5			
	安全意识、责任意识： ①工机具摆放合理，符合安全生产要求；(2) ②作业过程中穿戴好防护用具(3)	5			
	积极参加教学活动，及时完成工作活页： ①课前完成准备阶段活页填写；(3) ②课中完成实施阶段活页填写；(4) ③内容填写规范，用语标准、描述准确(3)	10			
	团队合作能力： 工机具协商分配使用(5)	5			
	劳动纪律： ①现场施工秩序良好；(2) ②不跨工位操作；(1) ③不随意走动、聊天(2)	5			
	生产现场6S管理： ①现场工机具、器材、设备摆放合理、整齐；(2) ②保持施工现场的整洁；(2) ③施工有序、规范操作；(2) ④施工完毕后，工机具整理、现场清扫与整理；(2) ⑤将施工垃圾分类，并清扫(2)	10			
专业能力 60%	自行查找专业知识： 能通过教材、在线教学平台、互联网查找相关知识，并使用标准用语或标准符号填写活页(10)	10			
	作业(或施工)过程规范： ①工序正确；(2) ②工机具使用规范；(2) ③不踩踏器材、工机具(1)	5			
	操作熟练度和工作效率： ①能熟练使用光纤熔接机完成皮线光缆与SC尾纤的熔接操作；(2) ②熟记相关标准和工艺；(2) ③施工进度符合要求(1)	5			

续表

评价项目	评价内容	分值	评价分数		
			自评	互评	师评
专业能力 60%	项目验收： ①项目完成度；(5) ②熔接后的光纤符合要求，测试良好，测试损耗在 0.1 ~ 0.2 dB 之间；(15) ③正确回收可用尾纤，工具回收，配件完整无损坏(15)； ④现场整洁(5)	40			
总评	自评得分：________互评得分：________师评得分：________ 自评 ×20% + 互评 ×20% + 师评 ×60% ≥85 分优秀，≥75 分良好，≥65 分合格	综合得分			
		综合评价			

相关知识

一、光纤链路新技术

1. 微管与微型光缆

所谓微管，是专门提供穿放微型光缆的一种小型管材，就是预先敷设 HDPE 或 PVC 塑料管，称为母管，然后将 HDPE 子管束用气流吹进母管中；微型光缆施工时，由气吹机把空压机产生的高速压缩气流和微型光缆一起送入子管中。微管及其配件如图 2-9-2 所示。

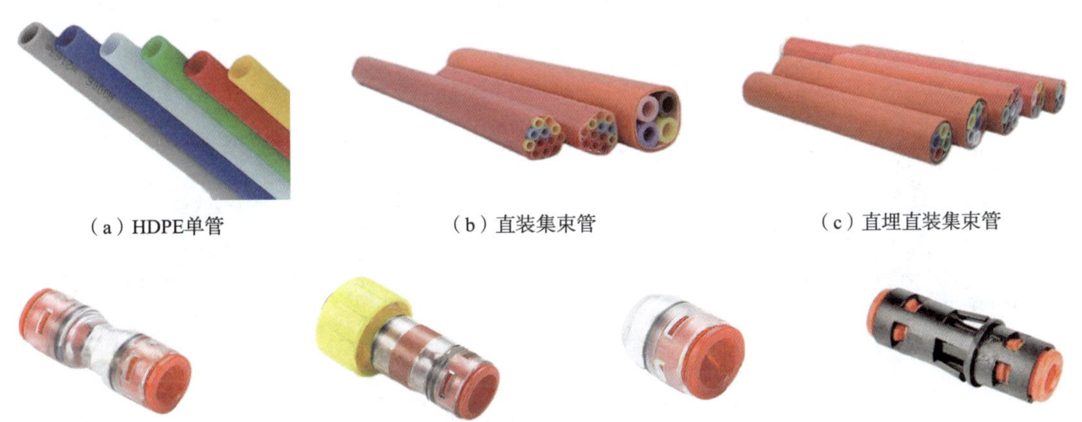

(a) HDPE单管　(b) 直装集束管　(c) 直埋直装集束管

(d) 配件直通型微管接头　(e) 配件直通阻气水型微管接头　(f) 配件堵塞型微管接头　(g) 配件直通挡板型微管接头

图 2-9-2　微管及其配件

微管具有小型、柔软、轻质等特点，采用 HDPE 高密度或中密度聚乙烯塑料材料制成。微管的外径不超过 16 mm，规格尺寸应符合标准及其他相关部分的规定。微管相较于更加较柔软、质轻，耐用及易于处理。

微型光缆简称“微缆”，如图 2-9-3 所示。芯数从 2 芯到 288 芯，直径一般为 1 ~ 10 mm，作为一种“特殊”的光缆具有以下特点：结构稳定，具有良好的机械特性和温度特性；气吹特性，表面特殊纹路设计，具有极好的气吹性能；光纤质地，质轻、柔软，易于布放。

图 2-9-3　微缆

2. 气吹微缆与微缆施工

(1) 气吹微缆

在实际工程中,先将微管采用类似网线施工的方式敷设在桥架和墙壁内的 PVC 管,微管有成熟的接头技术方便施工;再通过气吹机将微缆从弱电井吹到每一个信息点,微缆(光纤单元,EPFU)的气吹速度高达 150 m/min,吹缆距离可达 500 m;吹缆施工时吹缆机(见图 2-9-4)通常放在光纤直熔箱旁边,不需移动吹缆机,一次可气吹 288 根 2 芯微缆,也可单独为光纤信息插座气吹 2 芯微缆,吹缆方式如图 2-9-5 所示。

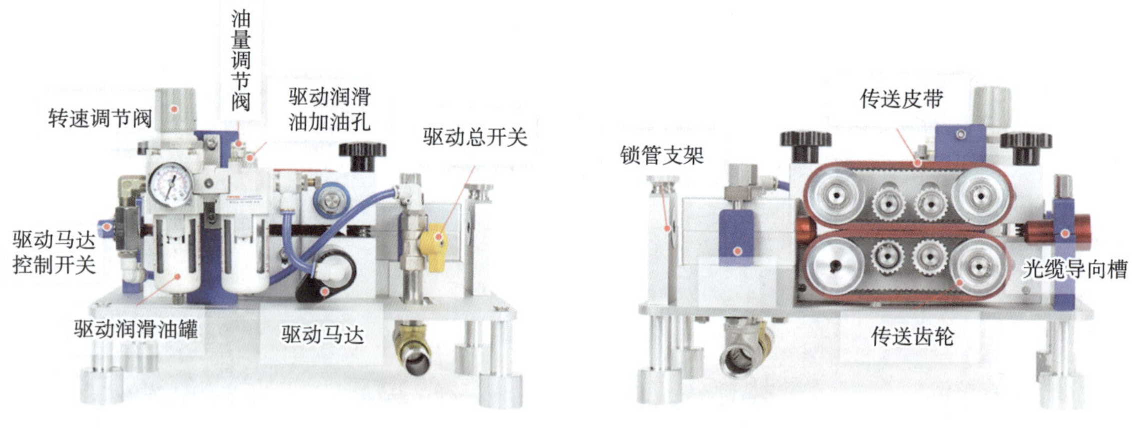

图 2-9-4　微缆吹缆机

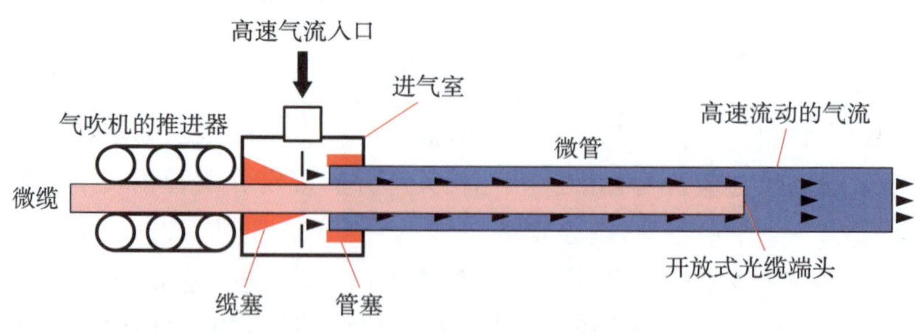

图 2-9-5　吹缆示意图

气吹微管微缆技术另一个重要特征是可以吹入和吹出。若每个信息点的微缆芯数不够,从弱电间到信息点更换光缆的工作量是很大的;采用气吹微管微缆技术,可将原来的微缆吹出,再吹入大芯数的微缆,极大提高更换光缆的效率;若微管或微缆受到损伤,只需用微缆接头先修复微管后,将微管里的微缆吹出,再重新吹入新的微缆。

(2)微缆成端

微缆成端主要有光纤现场速磨成端与尾纤(集束纤)热熔成端两种方式。成端后的微缆在86底盒盘纤后,通过光纤接头(如SC接头)即可与86面板型ONU连接。

垂直干线采用大芯数微缆或普通大芯数光缆,结合分光器,能简化甚至取消弱电间,仅在中心机房做一级分光。光纤从机房直达每一个信息点,不仅可以大大降低网络故障排查时间,还可以十分方便地通过光纤配线架实现各类网络(如设备网、内网、外网等)的物理分离或逻辑分离。

综上所述,气吹微管微缆技术可以充分地利用管道资源,有效地降低施工成本、提高施工效率、节省弱电间,解决扩容难等问题,其应用前景十分广阔。

(3)全光网络

全光网络相较于传统电缆构成的网络,具有以下特征:

施工扩容更简便:在POL网络基础上,采用微管微缆气吹技术,将光纤直接从机房“吹”向每个信息面板,节省桥架,大大减少施工成本。方便“吹入”和“吹出”,维护和扩容变得十分简单。

架构更精简,如图2-9-6所示,机房一级分光,将网络结构简化为更简洁的“星状扁平结构”,整个建筑无须弱电间(电信间),整个网络维护工作量极大减少。

用户体验更好:ONU下沉到面板,86面板型ONU将光纤运用到桌面,视觉美观,可扩充性强。

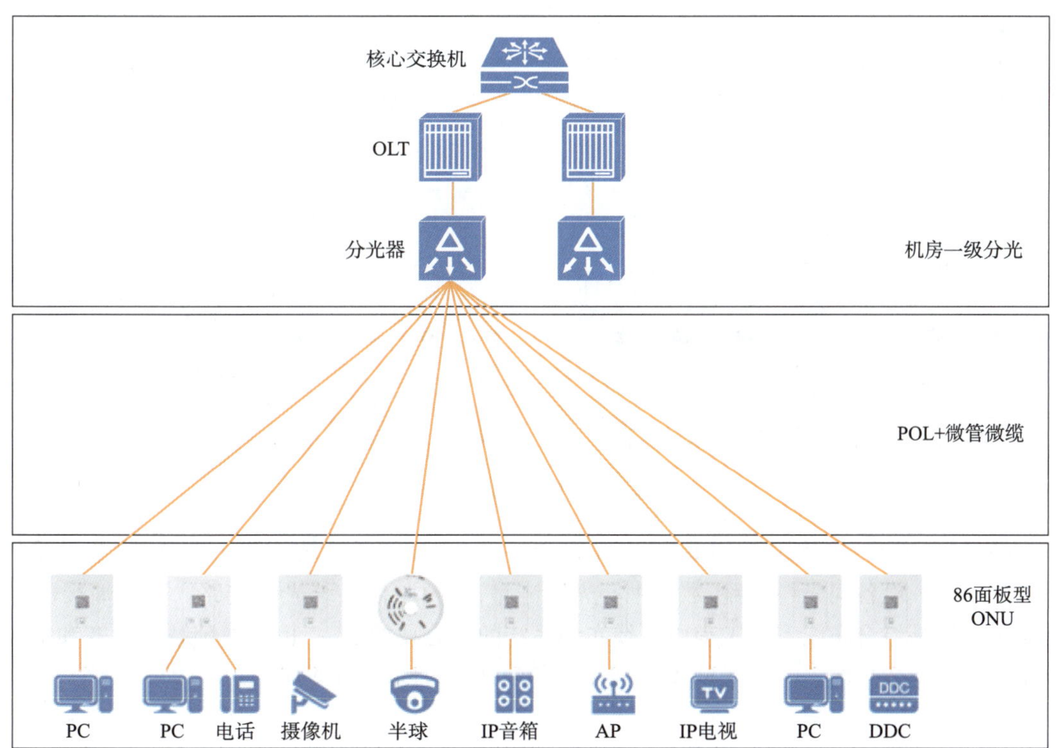

图2-9-6 全光网络基本结构

二、FTTR

FTTR是指用光纤代替网线，将光纤铺设至每一个房间，通过部署光组网终端，实现与家庭网关互连，保障全屋网络覆盖的组网技术。基于FTTR技术的家庭千兆全光组网方案，在家庭配线箱或家庭中心位置部署主光猫，以主光猫为核心，采用P2MP/P2P的方式，基于分光器和单芯双向光纤，构建家庭光纤网络。FTTR组网设备由主光猫、从光猫、分光器、光纤、光纤面板五类设备构成，其中主光猫、从光猫均为带Wi-Fi6路由功能的一体机。

任务十　完成12芯层绞式室外光缆成端作业

任务目标

工作任务	小组合作完成12芯层绞式室外单模光缆(GYTA-12B1)A、B端的成端作业
任务要求	(1)按照国标线序排列光纤的顺序； (2)使用12口单模SC机架式光纤终端盒； (3)使用12芯SC标准束状尾纤； (4)光纤连接用熔接法，具体连接如图2-10-1[①]所示

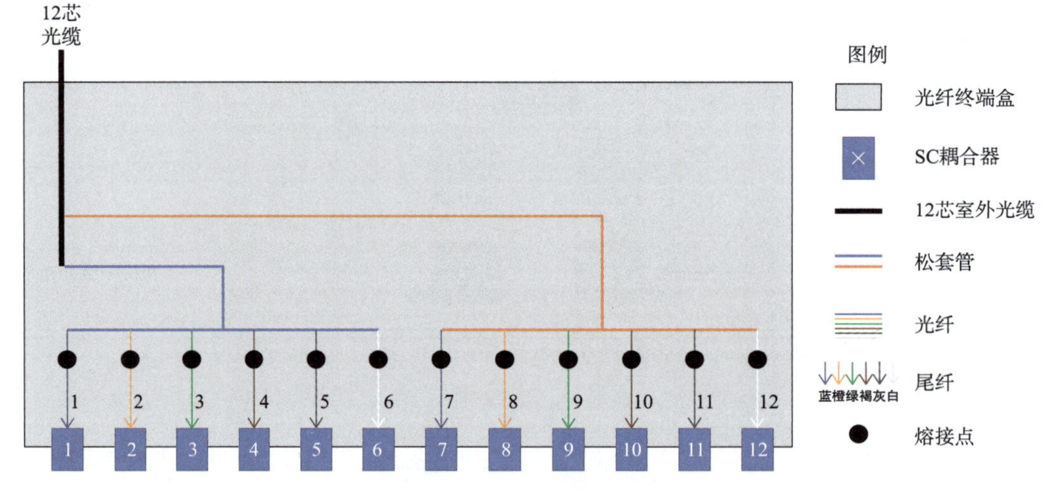

图2-10-1　连接示意图

光缆端接(成端)广泛用于FTTx系统光缆交接箱、综合布线系统工程中的建筑群、干线子系统、配线子系统、设备间光缆链路，数据中心光缆链路，视频监控系统光缆链路。光缆端接(成端)基本施工技能是综合布线系统工程中光缆布线系统的核心技能之一，也是中国技能大赛和世界技能大赛考查的主要技能之一。常见成端形式如图2-10-2～图2-10-4所示。

① 光缆中松套管的数量和颜色与光缆型号以及生产厂家有关。

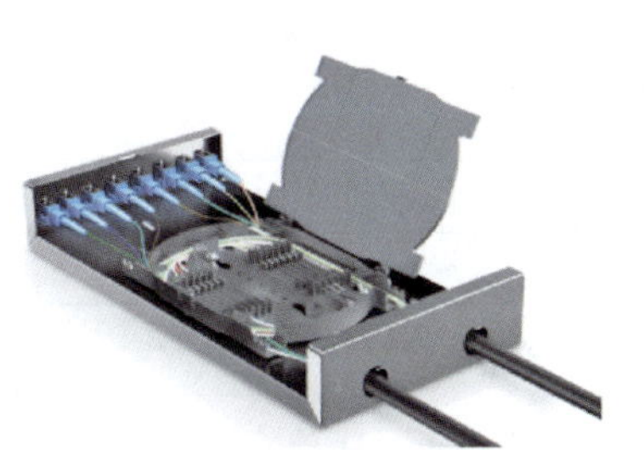

图 2-10-2　桌面（或壁挂）终端盒端接

图 2-10-3　机架式终端盒端接

图 2-10-4　ODF 配线架端接

任务准备

请自行查阅资料，完成以下工作。

引导问题 1：写出光纤（或松套管）的全色谱（见表 2-10-1）。

表 2-10-1　光纤（或松套管）全色谱

1	2	3	4	5	6	7	8	9	10	11	12

小提示：光缆识别。

松套管中光纤应采用全色谱方式识别：其光纤序号和标志色应符合 GB/T 13993.2—2014 的规定，但在不影响识别的情况下，允许用本色代替其中一个颜色。所谓本色即外层涂覆层无颜色。层绞式缆芯中松套管可采用领示色谱方式或全色谱方式识别：采用领示色谱时，在光缆 A 端顺时针方向上的领示色应为红色、绿色；采用全色谱时，在光缆 A 端顺时针方向上的松套管序号和标志色应符合光纤识别要求。

光缆 A、B 端简单的识别方法：①看光缆米标，米标数字小的一端为 A 端，米标数字大的一端为 B 端；②看光缆截面，领示色光纤（或填充管）顺时针排列时，此截面为 A 端，反之，如果呈逆时针排列，则判断为 B 端。

引导问题 2：仔细观察图 2-10-5，回答下列问题。

图 2-10-5　某型层绞式光缆截面

(1)当前光缆的总芯数。

____
____
____
____

(2)根据 GB/T 13993.2—2014 按照光纤序号和标志色对当前光缆中的光纤进行编号。

____
____
____
____
____
____

引导问题 3:查阅国标 YD/T 908—2020《光缆型号命名方法》并回答下列问题。

(1)依据纤芯直径(μm)/包层直径(μm),写出光纤的分类代号,并说明是单模还是多模。

50/125:____

62.5/125:____

9/125:____

(2)50/125 和 62.5/125 同芯数的光缆能通过熔接法接续吗? 为什么?

____
____
____

(3)解释光缆的型号、芯数、单模(或多模)(见表 2-10-2)。

表 2-10-2　光缆类型解释

型　号	型号详解	芯　数	单模/多模
GYTA53-24B1			
GYTS-12B1.3			
GYXTW-8B1.3			
GYXTW-4 A1a			
GYXTW-4 A1b			
GJPFJH-8 A1a			
GJPFJH-8B1			
GYTA-4B1 +2 ×1.5			
OPGW-24B1-80			
ADSS-AT-12B1.3			
ADSS-PE-12B1.3			

引导问题 4:在下图的横线处填写图示的耦合器型号,并选择本次使用的耦合器。

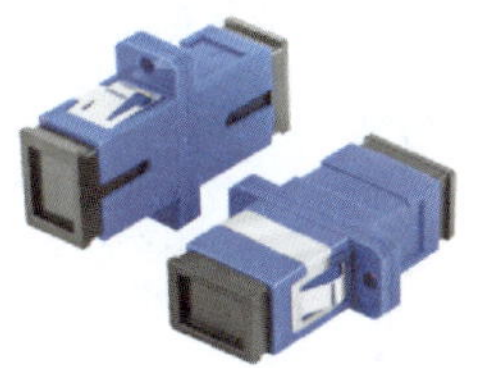

引导问题 5:在下图的横线处填写图示的跳线型号,并选择本次使用的测试跳线。

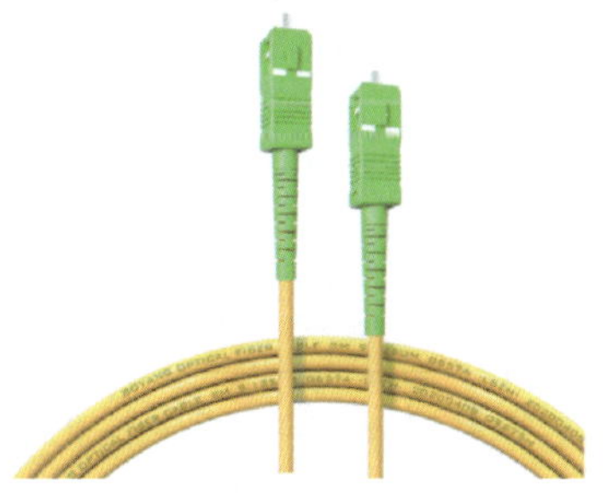
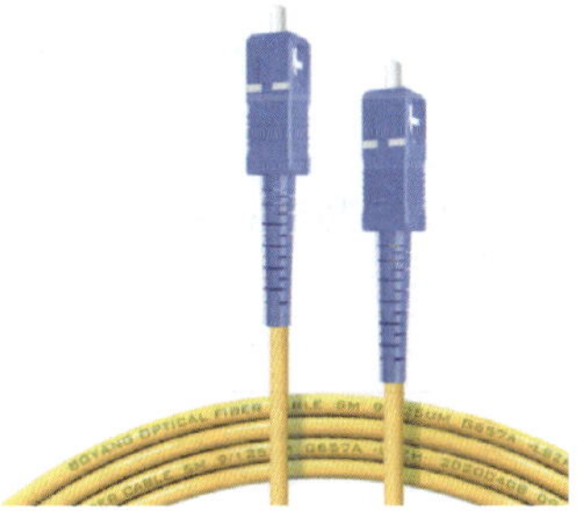
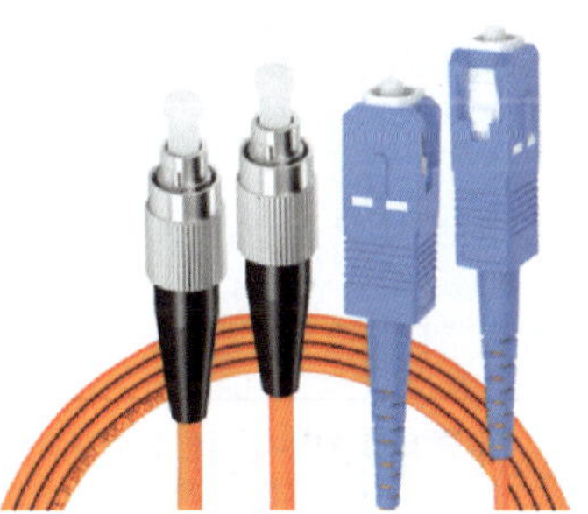

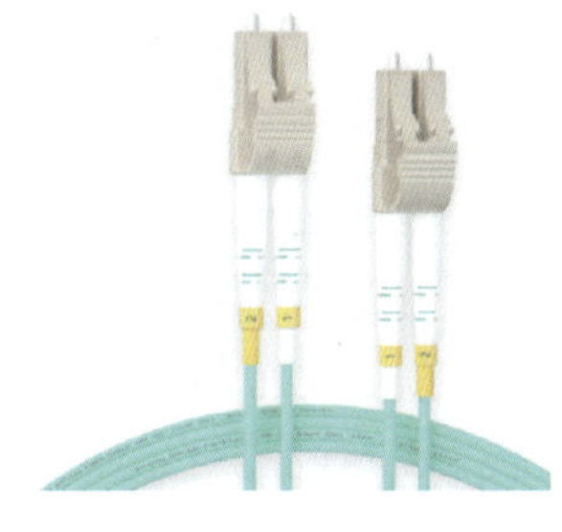
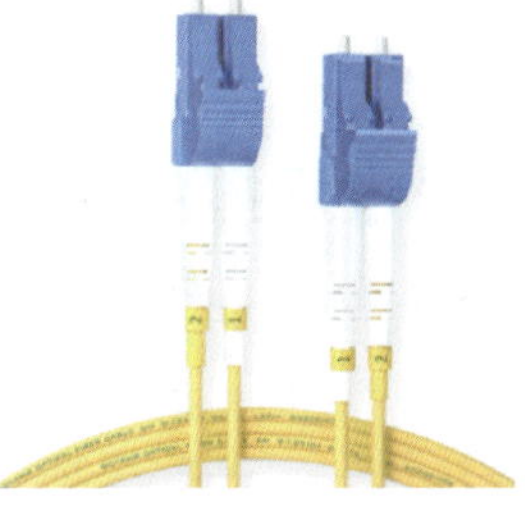

引导问题 6:在下图的横线处填写图示的束状尾纤型号,并选择本次使用的束状尾纤。

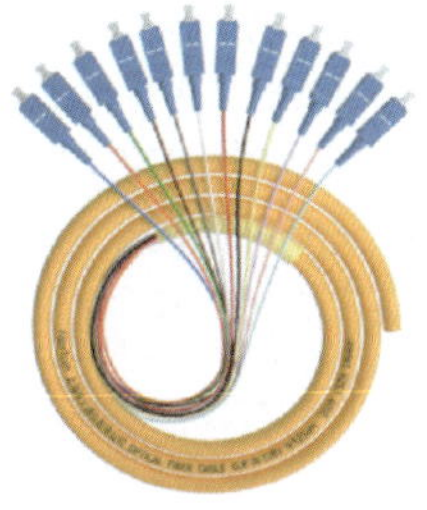
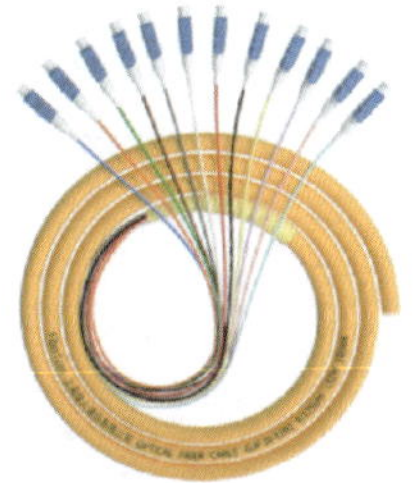
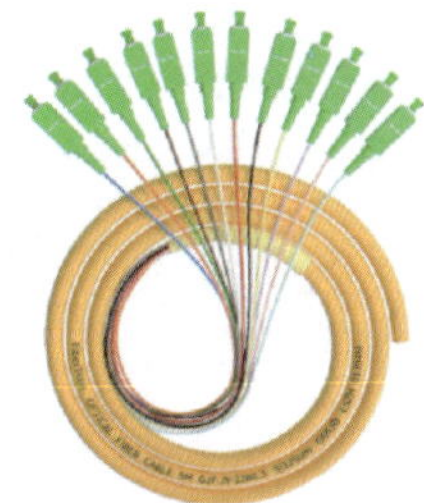

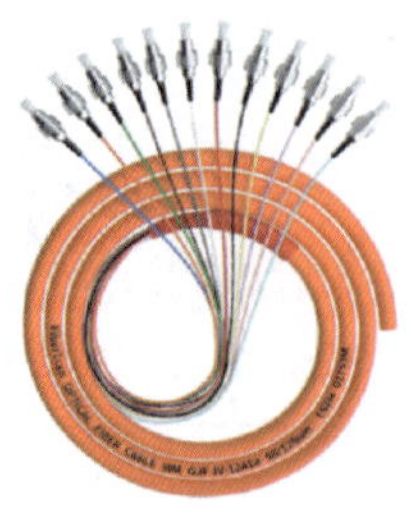

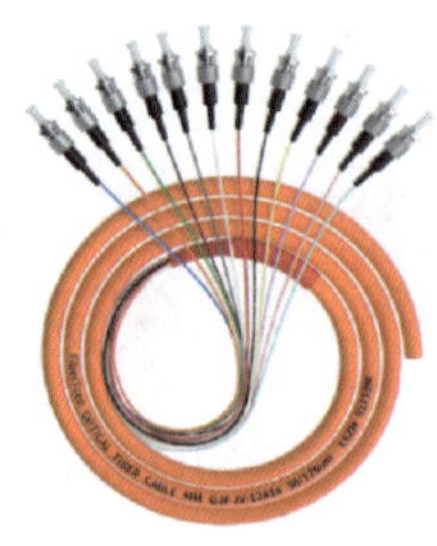

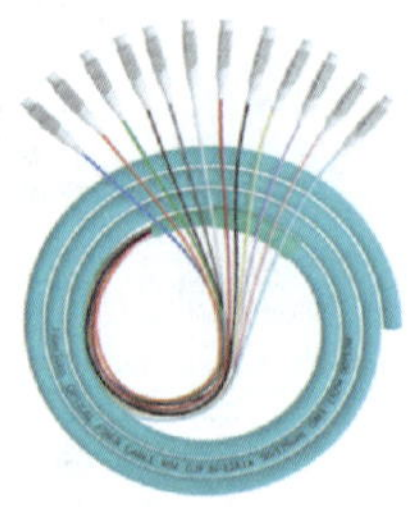

引导问题7：热缩套管选择。在图下方填写对应热缩套管的用途，并选择本次需要的热缩套管。

60 mm双针热缩套管

60 mm单针热缩套管

40 mm双陶瓷带状热缩套管

40 mm单陶瓷带状热缩套管

引导问题8：光纤熔接机熔接作业前为何要进行放电校正？

引导问题9：若预盘纤阶段尾纤加光纤是奇数圈与尾纤加光纤是偶数圈，在盘纤时有何不同？

引导问题10：请有序组织施工。请为小组成员合理分配任务，填写施工作业人员安排表（见表2-10-3）。

表2-10-3　施工作业人员安排表

施工作业人员	分配作业内容

引导问题 11：器材准备。填写任务所需要的器材选用表（见表 2-10-4）。

表 2-10-4　器材选用表

序　号	器材名称	器材型号	数　量	单　位

引导问题 12：工机具准备。填写任务所需要的工机具选用表（见表 2-10-5）。

表 2-10-5　工机具选用表

序　号	工机具名称	功　　能

引导问题 13：选用长度为 60 mm 热缩套管时，尾纤和光纤制作端面后的裸纤长度如图 2-10-6 所示。

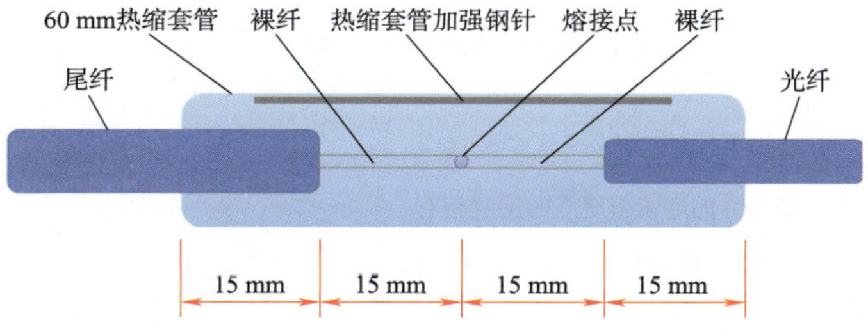

图 2-10-6　光缆熔接成端保护示意图

裸纤长度应不大于：

引导问题14:请简述盘纤的步骤和要求。

______

______

______

技能训练

技能训练1:请遵循表2-10-6的作业步骤完成工作任务。

层绞式室外光缆端接(12口SC机架式光纤终端盒)

12芯层绞式室外光缆成端熔接作业指导书

表2-10-6　层绞式室外光缆成端步骤

作业步骤	作业内容及标准	完成任务
作业前准备	①根据表2-10-3,各自做好准备工作; ②做好作业前准备工作:穿好实训服、佩戴好劳保用品、领取器材和工机具等; ③确认光纤熔接机的电池电量(首次使用需要做放电校正),安装好冷却托盘	①填写表2-10-3,合理分配工作任务; ②填写表2-10-4器材选用表; ③填写表2-10-5工机具选用表; ④根据器材选用表领用作业器材; ⑤根据工机具选用表领用作业工机具
终端盒配件安装	①安装终端盒支架(俗称"耳朵"),固定良好不松动; ②安装SC耦合器(也称"SC法兰"),带缺口面统一朝上,安装稳固; ③安装SC尾纤,从左至右为"蓝、橙、绿、棕、灰、白、红、黑、黄、紫、粉、青"(从外部观察)	完成12口SC型机架式终端盒的熔接前准备工作
室外光缆开缆	开剥12芯层绞式室外单模光缆,要求:开剥长度不少于80 cm[①]、松套管无损伤、去除填充件、加强钢丝预留长度不大于10 cm,填充油膏清理干净	
光缆固定	将光缆从终端盒的进缆口插入后固定,要求:光缆固定良好、未过度挤压、加强钢丝固定良好(去除多余钢丝)、松套管未受到挤压。 **小技巧**:若光缆较细,为方便固定,可人为"加粗"光缆	
开剥松套管并清洁光纤	利用三口米勒钳的大口(或美工刀)在进入盘纤盘的位置剥开,且使用卫生纸或面粉清洁裸纤。 **注意**:避免割伤纤芯、不可使用无水酒精清洁	
预盘纤	①整理尾纤,并在纤盘中预盘纤两圈,剪切多余尾纤; ②整理光缆光纤,也在纤盘中预盘纤两圈,剪切多余光纤。 **注意**:光缆光纤的尾端与尾纤的尾端相对	
穿入热缩套管	①在尾纤端穿入热缩套管,要求:一芯一管; ②将尾纤及光缆光纤分置于两侧,避免熔接时产生交叉,影响后期盘纤	

① 开剥长度非固定长度,首先取决于是终端盒成端还是ODF架成端,其次取决于预留和盘纤长度。

续表

作业步骤	作业内容及标准	完成任务
端面制作	①熔接机开机； ②米勒钳剥除尾纤 20 ~ 25 mm 橡胶层，去除涂覆层，用无尘纸（或脱脂棉花）沾无水酒精清洁裸纤 2 ~ 3 次，再用切割刀切割端面，要求：裸纤预留长度不大于 20 mm（最佳长度 15 mm）； ③米勒钳剥除光纤涂覆层 20 ~ 25 mm，用无尘纸（或脱脂棉花）沾无水酒精清洁裸纤 2 ~ 3 次，再用切割刀切割端面，要求：裸纤预留长度不大于 20 mm（最佳长度 15 mm）。 **要求：**已完成端面切割的光纤必须及时放入光纤熔接机的 V 形槽避免二次污染；光纤放置完毕需关闭防尘盖板，避免灰尘和杂物进入熔接仓	
光纤熔接	通过关闭防尘盖板自动启动光纤熔接（或点击放电按钮启动光纤熔接），光纤熔接过程自动进行，熔接完成后一般会显示熔接损耗	光纤熔接属于隐蔽工程，工程实践中常采用随工检测的方法，监理一般采取旁站、巡视结合的监理方法。光纤接续/成端有以下两种方法验收方法： ①熔接时直接填写相关记录表，交由施工方、监理方、建设方签字盖章； ②后期统一从熔接机记录导出，填写上相关工程信息，由施工方、监理方、建设方签字盖章
热缩保护	①打开热缩套管加热仓； ②打开防尘盖，取出熔接好的光纤； ③将熔接好的裸纤置于热缩套管的中间部位，放入加热仓进行加热，加热完毕后放入冷却托盘冷却。 **注意：**热缩套管刚取出时是高温状态，避免烫伤	
熔接并保护余下光纤	重复端面制作、光纤熔接、热缩保护等步骤，完成余下 11 芯光纤熔接	
整理并盘纤	①整理冷却的热缩套管，放入热缩套管卡槽； ②分两段进行盘纤。尾纤段，将尾纤“对扭”形成 ∞ 状，“对折”后放入线盘即可；用同样的手法整理光缆光纤段	
封闭终端盒	封闭终端盒，确保螺钉紧固不松动、不缺少固定螺钉	
另一端成端	重复上述第 2 ~ 13 步，完成光缆另外一端的成端	
安装至机架/机柜	整理光缆终端盒，将其安装至机架/机柜的指定位置，要求： 施工时，确保光缆不超过其动态和静态弯曲半径；其次确保终端盒安装水平稳固、螺钉齐全	
测试	①常规测试：可使用红光激光笔测试光纤对应及通断情况； ②OTDR 测试：光链路的长度、插入损耗、熔接损耗、链路平均损耗等	
任务结束	现场清理： ①整理工机具； **注意：**熔接机关闭电源，测试激光笔关闭电源。 ②作业现场的整理与清扫，光缆和尾纤放入有害垃圾桶	①整理工机具； ②完成作业现场的整理与清扫； ③填写作业（施工）日志

技能训练2:作业(施工)日志填写。根据施工进程,填写作业(施工)日志(见表2-10-7)。

表2-10-7　作业(施工)日志

任务名称				
作业日期	____年____月____日星期____		作业地点(或工位号)	
作业人员				

作业前准备工作:
注:从着装开始,梳理作业的准备工作,完成相应的引导问题并确认以下四项内容,确认后打√

□着装检查符合要求	□器材领用与检查	□设备领用与检查	□工机具领用与检查

其他准备工作:

安全风险控制:

作业中存在的问题及解决方法:

任务完成进度和质量:

考核与评价

请作业人员、小组成员和教师依据表2-10-8完成本次任务考核。

表2-10-8　考核赋分表

评价项目	评价内容	分值	评价分数		
			自评	互评	师评
职业素养 40%	穿戴规范、整洁: ①衣着得体大方、整洁;(2) ②穿戴符合安全生产要求(3)	5			
	安全意识、责任意识: ①工机具摆放合理,符合安全生产要求;(2) ②作业过程中带好防护用具;(2) ③设备使用符合规范(1)	5			
	积极参加教学活动,及时完成工作活页: ①课前完成准备阶段活页填写;(3) ②课中完成实施阶段活页填写;(4) ③内容填写规范,用语标准、描述准确(3)	10			

续表

评价项目	评价内容	分值	评价分数		
			自评	互评	师评
职业素养 40%	团队合作能力： ①团队分工协作、分工合理；(3) ②协商解决问题，不蛮干、单干(2)	5			
	劳动纪律： ①现场施工秩序良好；(2) ②不跨工位操作；(1) ③不随意走动、聊天(2)	5			
	生产现场6S管理： ①现场工机具、器材、设备摆放合理、整齐；(2) ②保持施工现场的整洁；(2) ③施工有序、规范操作；(2) ④施工完毕后，工机具整理、现场清扫与整理；(2) ⑤将施工垃圾清扫并分类(2)	10			
专业能力 60%	自行查找专业知识： 能通过教材、在线教学平台、互联网查找相关知识，并使用标准用语或标准符号填写活页(10)	10			
	作业(或施工)过程规范： ①工序正确；(2) ②工机具使用规范；(1) ③设备使用规范；(1) ④不随意踩踏线缆(1)	5			
	操作熟练度和工作效率： ①基本施工技艺娴熟；(2) ②光纤色谱标准和熔接工艺熟记；(2) ③施工进度符合要求(1)	5			
	项目验收： ①项目完成度；(5) ②耦合器、尾纤、松套管选型正确；(5) ③耦合器安装位置正确，稳固不动动；(5) ④尾纤安装顺序正确；(5) ⑤光缆固定正确，稳固不松动；(5) ⑥熔接点热缩套管保护正确，测试时不漏光；(5) ⑦盘纤规范整齐，测试良好；(5) ⑧现场整洁(5)	40			
总评	自评得分：________互评得分：________师评得分：________ 自评×20%+互评×20%+师评×60% ≥85分优秀，≥75分良好，≥65分合格	综合得分			
		综合评价			

相关知识

一、光缆

1. 光缆

光纤与光缆是不同的名词。光纤是信息传输介质，比较脆，容易折断，无法在工程中直接使用。光缆就是将一根或多根光纤、缓冲层、保护层和外护套等机械组合而成。光缆的多层保护结构能够保持内部的光纤不被损坏。

室内单模光纤光缆和跳线的外护套颜色一般为黄色;室内多模光纤光缆和跳线外护套的颜色一般为橙色(OM1、OM2)、水蓝色(OM3)、紫红色(OM4)、水绿色(OM5),见表2-10-9。室内多模光纤跳线一般适用于中心机房、数据中心等高速数据应用场景,尤其是OM3、OM4、OM5光纤具有传输距离短、传输速率高等特点。

表2-10-9　多模光纤

光缆类型	直径/μm	颜色	光源	传输速率
OM1	62.5/125	橙色	LED	10 Mbit/s、100 Mbit/s
OM2	50/125	橙色	LED	1 Gbit/s
OM3	50/125	水蓝色	VSCEL	10 Gbit/s、40 Gbit/s
OM4	50/125	紫红色	VSCEL	10 Gbit/s;40 Gbit/s、100 Gbit/s
OM5	50/125	水绿色	VSCEL	50 Gbit/s、100 Gbit/s、200 Gbit/s(支持SWDM4通道)

2. 光缆识别

(1)光缆型号与命名

光缆型号与命名具体参见YD/T 908—2020《光缆型号命名方法》,这是2020年7月1日起实施的行业标准,适用于通信光缆的型号命名。常见光缆型号见表2-10-10。

表2-10-10　常见光缆型号一览

习惯叫法	主要型号	全　称	敷设方式
中心管式光缆	GYXTY	室外通信用、金属加强构件、中心管、全填充、夹带加强件聚乙烯护套光缆	架空、管道
	GYXTS	室外通信用、金属加强构件、中心管、全填充、钢-聚乙烯黏结护套光缆	架空、管道
	GYXTW	室外通信用、金属加强构件、中心管、全填充、夹带平行钢丝的钢-聚乙烯黏结护套光缆	架空、管道直埋
层绞式光缆	GYTA	室外通信用、金属加强构件、松套层绞、全填充、铝-聚乙烯黏结护套光缆	架空、管道
	GYTS	室外通信用、金属加强构件、松套层绞、全填充、钢-聚乙烯黏结护套光缆	架空、管道直埋
	GYTA53	室外通信用、金属加强构件、松套层绞、全填充、铝-聚乙烯黏结护套、皱纹钢带铠装聚乙烯外护层光缆	直埋
	GYTY53	室外通信用、金属加强构件、松套层绞、全填充、聚乙烯护套、皱纹钢带铠装聚乙烯外护层光缆	直埋
	GYTA33	室外通信用、金属加强构件、松套层绞、全填充、铝-聚乙烯黏结护套、单细钢丝铠装聚乙烯外护层光缆	爬坡直埋
	GYTY53+33	室外通信用、金属加强构件、松套层绞、全填充、聚乙烯护套、皱纹钢铠装聚乙烯套+单细钢丝铠装聚乙烯外护层光缆	直埋、水底
	GYTY53+333	室外通信用、金属加强构件、松套层绞、全填充、聚乙烯护套、皱纹钢带铠装聚乙烯套+双细钢丝铠装聚乙烯外护层光缆	直埋、水底
光纤带光缆	GYDXTW	室外通信用、金属加强构件、光纤带中心管、全填充、夹带平行钢丝的钢-聚乙烯黏结护层光缆	架空、管道接入网
	GYDTY	室外通信用、金属加强构件、光纤带、松套层绞、全填充聚乙烯护层光缆	架空、管道接入网
	GYDTY53	室外通信用、金属加强构件、光纤带松套层绞、全填充、聚乙烯护套、皱纹钢带铠装聚乙烯外护层光缆	直埋、接入网
	GYDGTZY	室外通信用、非金属加强构件、光纤带、骨架、全填充、钢-阻燃聚烯烃黏结护层光缆	架空、管道接入网

续表

习惯叫法	主要型号	全　　称	敷设方式
室内光缆	GJFJV	室内通信用、非金属加强件、紧套光纤、聚氯乙烯护层光缆	室内尾纤或跳线
	GJFJZY	室内通信用、非金属加强件、紧套光纤、阻燃、聚烯烃护层光缆	室内布线或尾缆
	GJFDBZY	室内通信用、非金属加强件、光纤带、扁平型、阻燃聚烯烃护层光缆	室内尾缆或跳线

光缆型号由 L-NX 组成，其中 L 为光缆型号，N 为光缆中光纤的芯数，X 为光纤的类别。以图 2-10-11 和图 2-10-12 为例，GJPFJH 是光缆型号；12B1 中 12 指的是光缆芯数，B1 是单模光纤型号；12 A1a 中 12 是光缆芯数，A1a OM3 是多模光纤型号。常用光缆型号如图 2-10-7 ~ 图 2-10-12 所示。

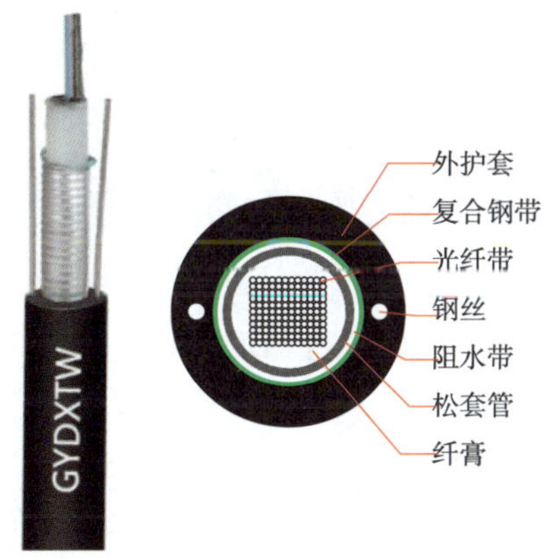

图 2-10-7　GYDXTW 中心管式带状光缆

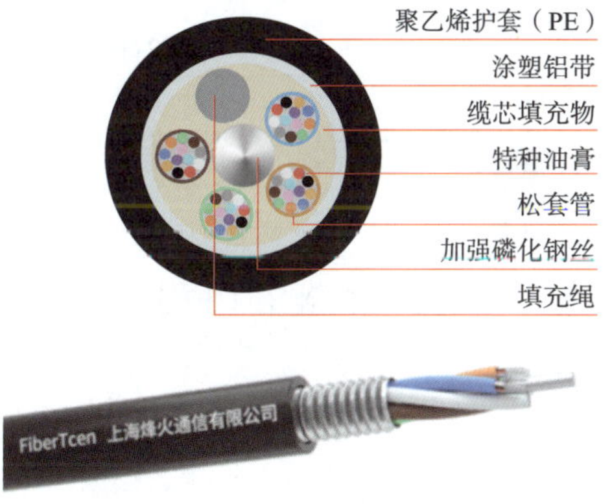

图 2-10-8　GYTA 层绞式光缆

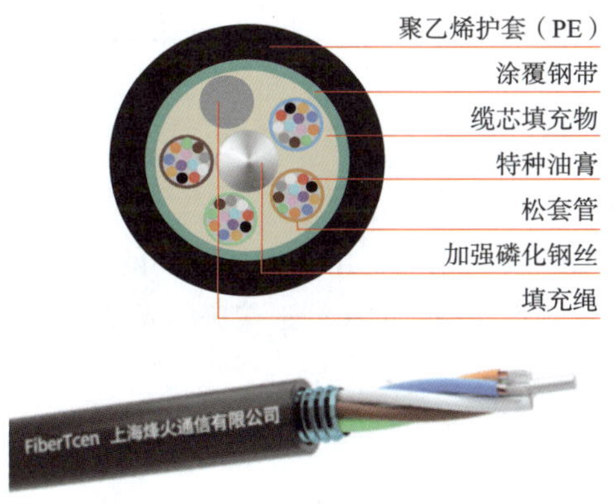

图 2-10-9　GYTS 层绞式光缆

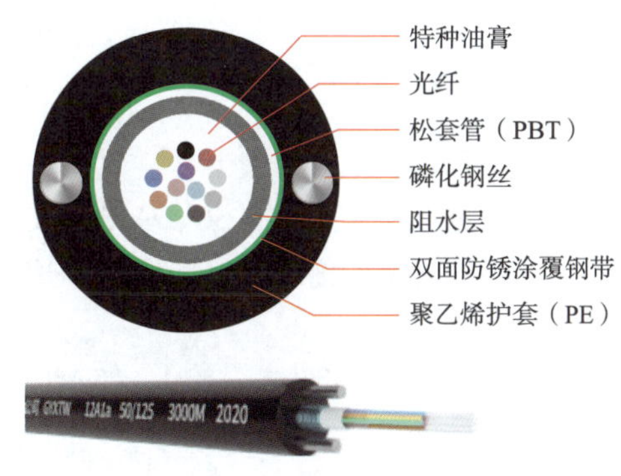

图 2-10-10　GYXTW 中心管式光缆

(2) 光缆色谱

光缆中松套管和光纤的序号和标志色（见表 2-10-11）应符合 GB/T 13993. 2—2014《通信光缆　第 2 部分：核心网用室外光缆》的规定，但在不影响识别的情况下，允许用本色代替其中一种颜色。

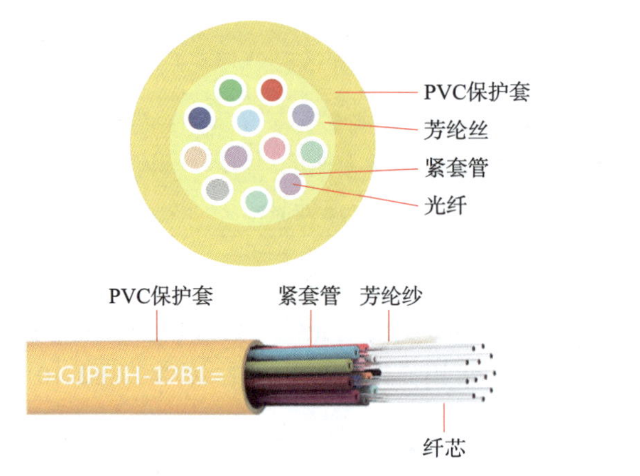

图 2-10-11　单模室内光缆

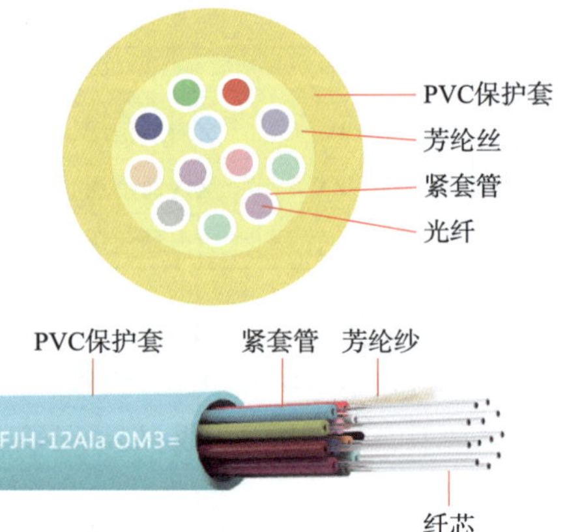

图 2-10-12　多模室内光缆

表 2-10-11　松套管和光纤的色谱

序号	1	2	3	4	5	6	7	8	9	10	11	12
颜色	蓝	橙(橘)	绿	棕	灰	白	红	黑	黄	紫	粉	青绿

(3)光缆允许最小弯曲半径

光缆允许最小弯曲半径(护套和命名符合 YD/T 908—2020 标准,D 表示光缆外径)见表 2-10-12。

表 2-10-12　光缆允许最小弯曲半径表

护套形式	Y 型、A 型、S 型、W 型		A 型、S 型、金属护套
外护层形式	无外护层、04 型	53 型、54 型、33 型、34 型	333 型、43 型
动态弯曲时(安装布线期间)	20D	25D	30D
静态弯曲时	10D	12.5D	15D

二、光纤连接件

1. 光纤连接头

常用光纤连接头型号有 SC、LC、FC、ST 等型号,如图 2-10-13 ~ 图 2-10-16 所示。不同的光纤连接头适用于不同的设备接口和耦合器,同一光链路系统中尽量选择同型号的光纤连接头的光系统配件。

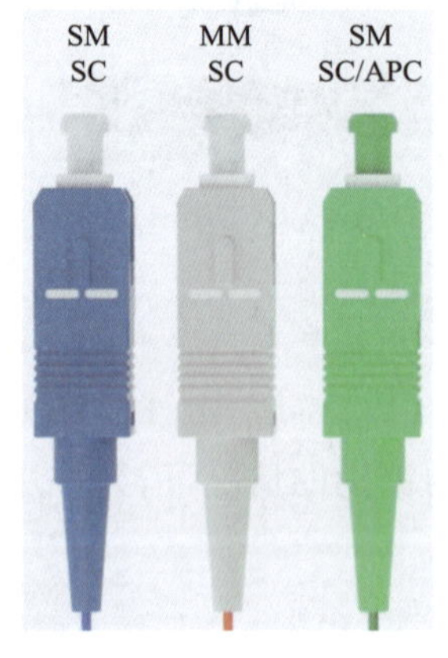

图 2-10-13　SC 光纤连接头

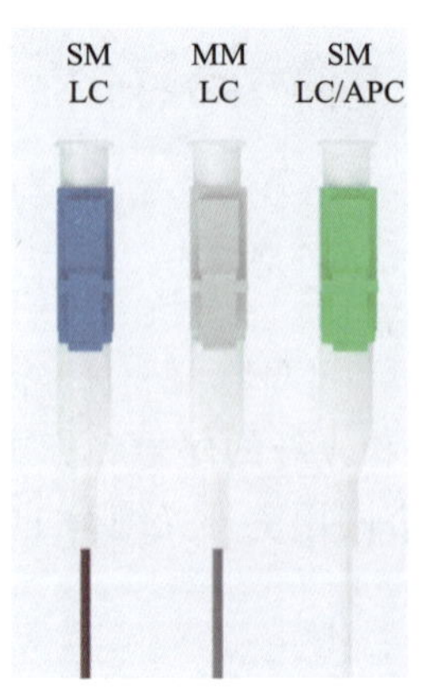

图 2-10-14　LC 光纤连接头

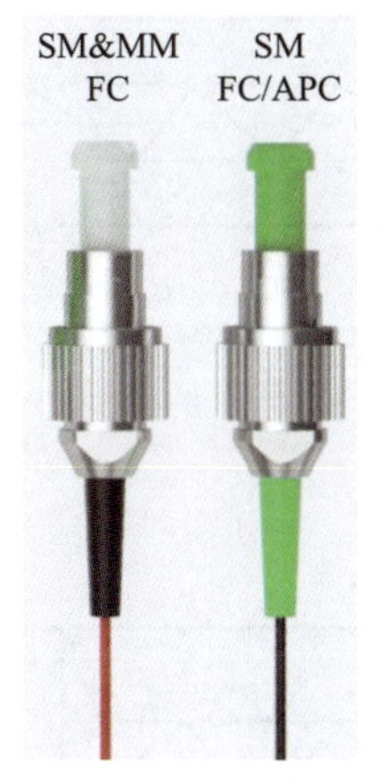

图 2-10-15　FC 光纤连接头

图 2-10-16　ST 光纤连接头

2. 识别光纤连接头

光纤连接头型号常用 X/Y 的形式表示。X 常表示光纤连接头的具体型号，Y 表示不同类型的研磨陶瓷芯。不写出 Y 时，多模连接头默认为 PC，单模连接头默认为 UPC，APC 类型常用完整形式表示。连接头陶瓷芯类型见表 2-10-13。

表 2-10-13　连接头陶瓷芯类型

类　型	说　明
平形 PC	适用场景：多模，非接触 特　征：黑色、蓝色、白色 连接损耗：<0.3 dB 反射损耗：> -14 dB
球形 UPC	适用场景：单模，接触 特　征：黑色、蓝色 连接损耗：<0.3 dB 反射损耗：> -30 dB
斜形 APC	适用场景：单模，接触 特　征：绿色 连接损耗：<0.3 dB 反射损耗：> -65 dB

3. 连接损耗

连接头通过耦合器连接时会产生反射损耗和连接损耗。正常情况下，反射损耗和连接损耗是相对固定值，与陶瓷芯的研磨类型有关；而不正常的连接损耗通常由施工或环境造成：环境不清洁、插接不彻底等，导致插入损耗过大。主要表现为图 2-10-17 ~ 图 2-10-20 所示的四种形式。

造成光纤信号衰减的主要因素有本征、弯曲、挤压、杂质、不均匀和对接等。

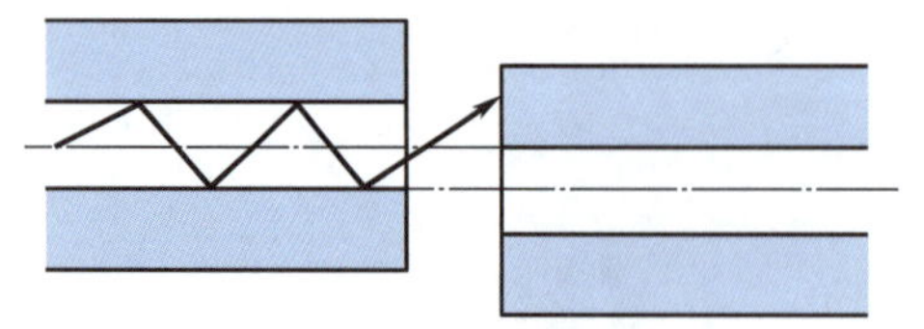

图 2-10-17　光纤轴向未对准

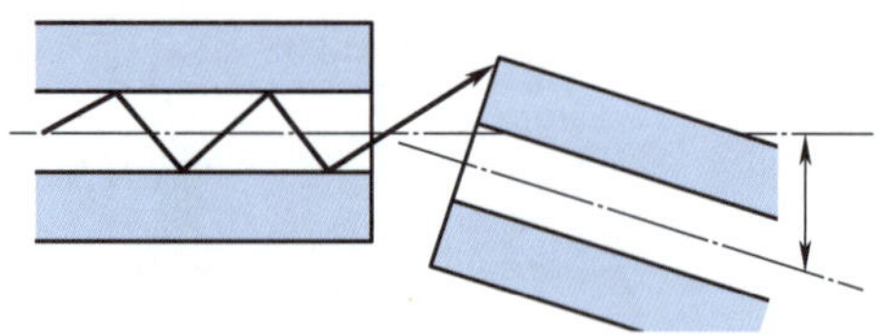

图 2-10-18　光纤角度偏离

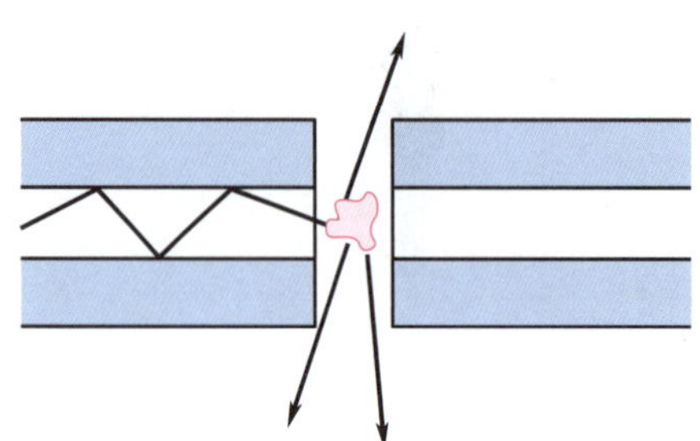

图 2-10-19　杂质、端面分开

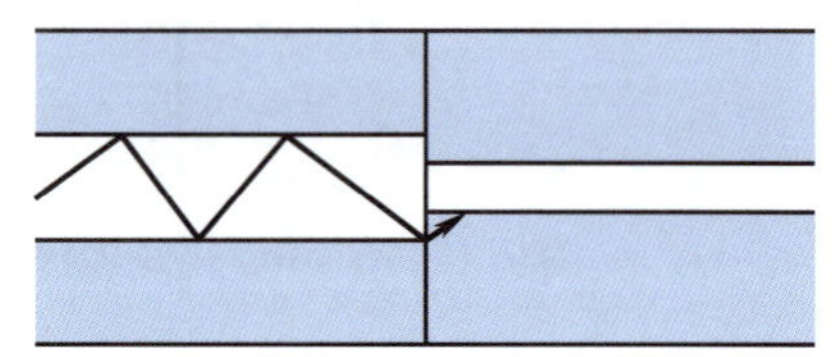

图 2-10-20　纤芯尺寸不同(不同类型接头)

(1)本征:是光纤的固有损耗,包括散射、固有吸收等。

(2)弯曲:光纤弯曲时部分光纤内的光会因散射而损失掉,造成损耗。

(3)挤压:光纤受到挤压时产生微小的弯曲而造成的损耗。

(4)杂质:光纤内杂质吸收和散射在光纤中传播的光,造成的损失。

(5)不均匀:光纤材料的折射率不均匀造成的损耗。

(6)对接:光纤对接时产生的损耗,如不同轴(单模光纤同轴度要求小于 0.8 μm)端面与轴心不垂直,端面不平,对接心径不匹配和熔接质量差等。

4. 尾纤与跳线

尾纤和跳线按照光纤的类别可分为单模和多模;按照连接头的型号可分为 SC、FC、ST、LC 单模和 SC、FC、ST、LC 多模。尾纤和跳线连接耦合器或设备时会产生插接损耗,一般小于 0.3 dB。

(1)尾纤

光纤尾纤是指用于连接光纤和光纤耦合器(法兰)的配件,由光纤连接头和橡胶保护的光纤构成,适用于光纤终端盒以及光纤配线架光缆端接,如图 2-10-21 ~ 图 2-10-24 所示;一根光纤跳线由中间剪断就可以得到两根尾纤,以 LC 连接头束状尾纤为例,SC、FC、ST 类似。

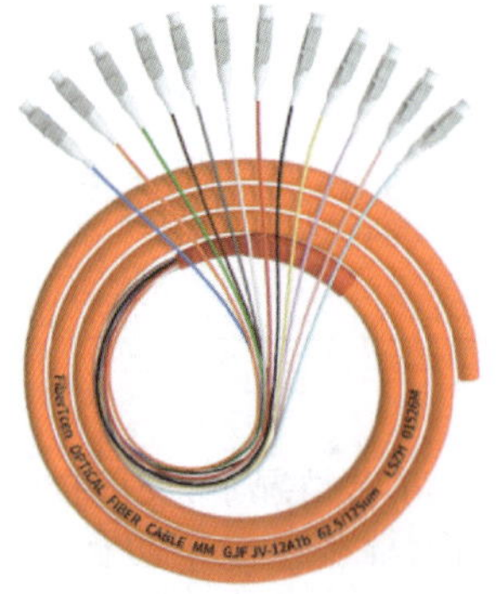

图 2-10-21　62.5/125 μm 多模 LC 12 芯束状尾纤

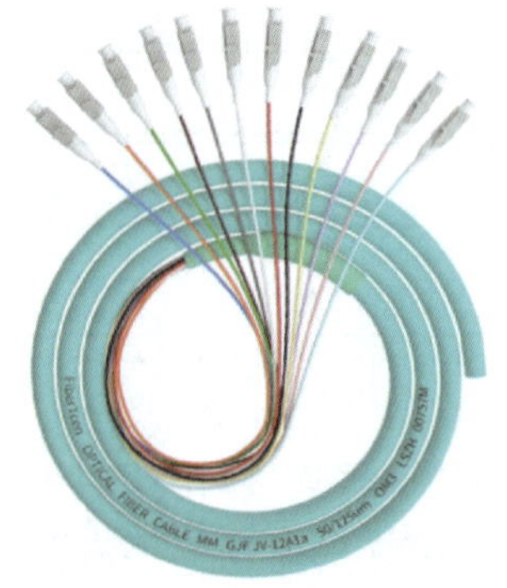

图 2-10-22　50/125 μm OM3 多模 LC 12 芯束状尾纤

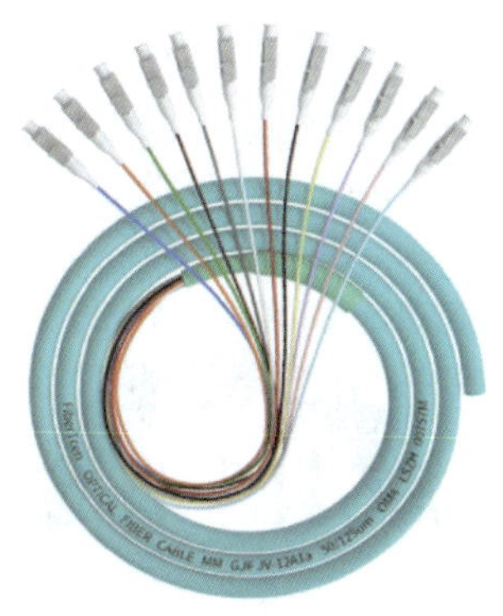

图 2-10-23　50/125 μm OM4 多模 LC 12 芯束状尾纤

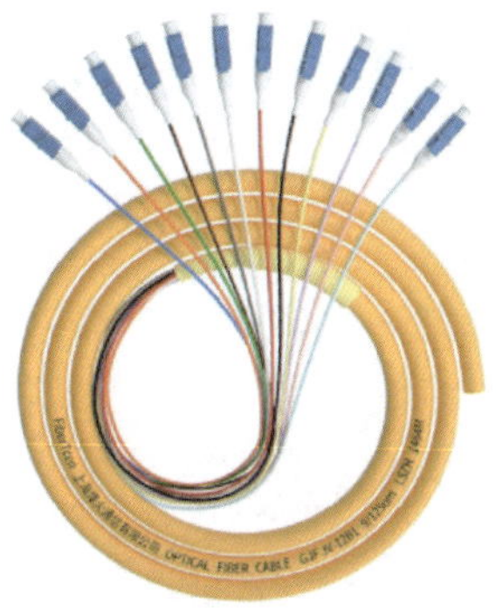

图 2-10-24　9/125 μm 单模 LC 12 芯束状尾纤

(2) 跳线

光纤跳线是从设备到光纤布线链路(或链路之间)的跳接线,分为单工跳线和双工跳线。为了更好地适配不同连接件或设备,跳线两端连接头可以是同型号也可是不同型号,如图 2-10-25 ~ 图 2-10-30 所示。

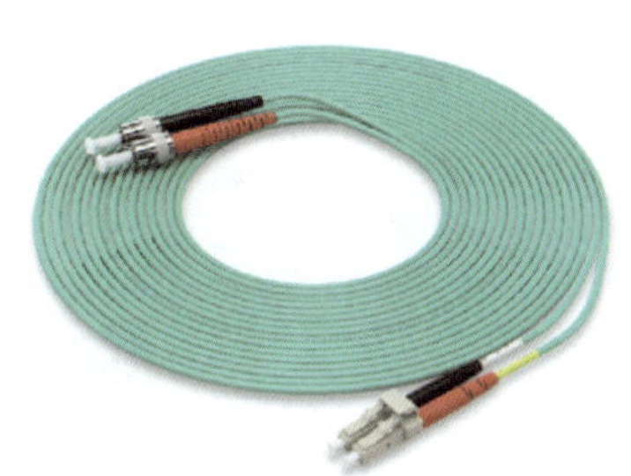

图 2-10-25　多模 OM3 双工 LC-ST

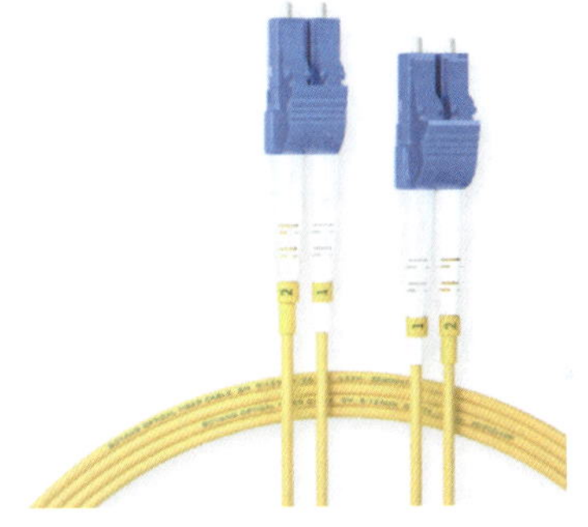

图 2-10-26　单模双工 LC-LC 跳线

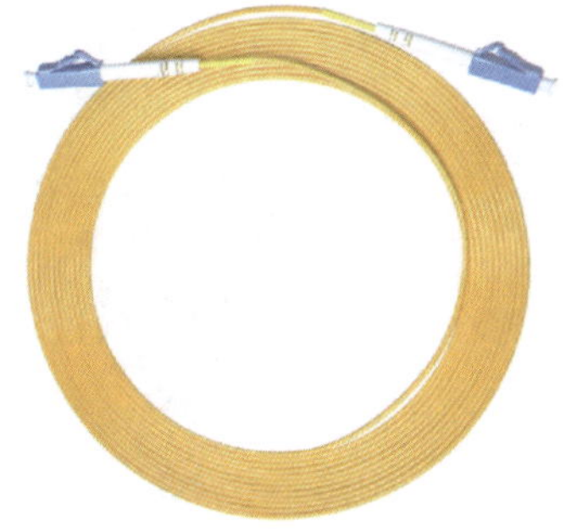

图 2-10-27　单模 LC-LC 跳线

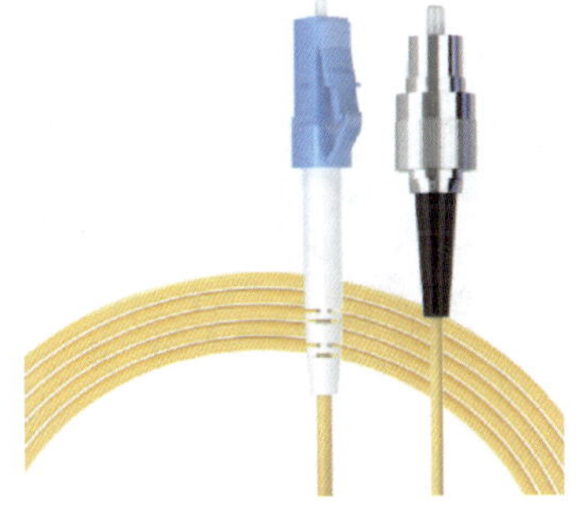

图 2-10-28　单模 LC-FC 跳线

5. 耦合器(法兰)

(1) 耦合器

光纤耦合器又称光纤法兰、光纤适配器等,适用于两个(或四个)光纤连接头机械连接。耦合器两端既可连接同型号的光纤连接头,又可连接不同信号的光纤连接头。一般由耦合器本体和防尘帽组成。常见耦合器如图 2-10-31 ~ 图 2-10-39 所示。

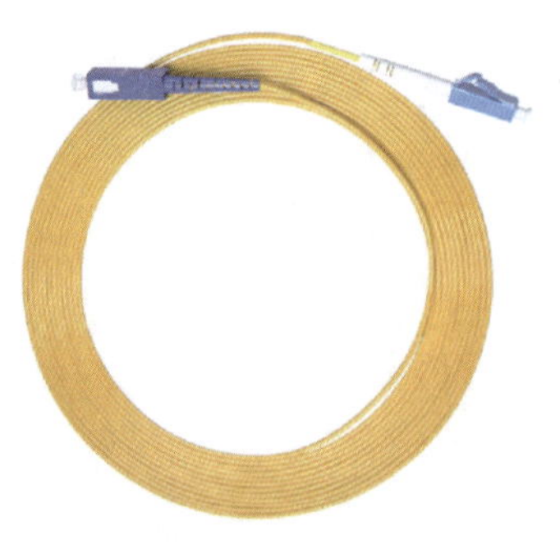

图 2-10-29 单模 LC-SC 跳线

图 2-10-30 多模双工 LC-LC 铠装跳线

图 2-10-31 LC 双工耦合器

图 2-10-32 LC 耦合器

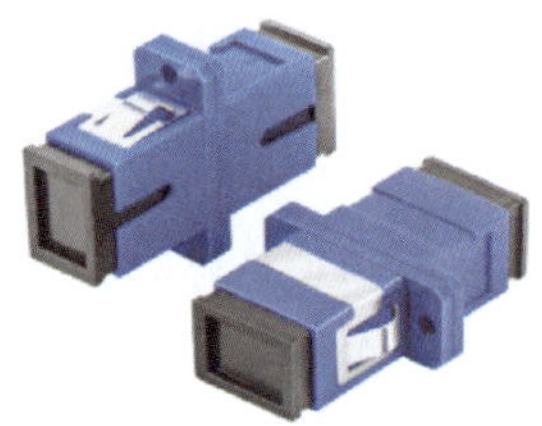

图 2-10-33 SC 耦合器

图 2-10-34 ST 耦合器

图 2-10-35 FC 耦合器

图 2-10-36 SC-FC 耦合器

图 2-10-37 LC-SC 耦合器

图 2-10-38 LC-ST 耦合器

图 2-10-39 LC-FC 耦合器

(2)耦合器清洁工具

耦合器在未插入光纤连接头时,必须保证耦合器的防尘帽处于完好状态,不可随意拔掉防尘帽。若发现耦合器处光衰减超过正常值,可使用光纤端面清洁笔(见图 2-10-40)进行清洁(见图 2-10-41);正常情况下,每半年检查清洁一次。光纤连接头插入耦合器前,可用高压清洁气体对耦合器进行清洁。

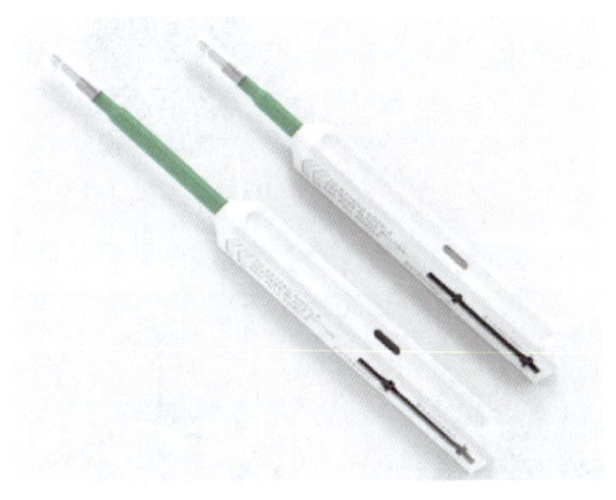

图 2-10-40　光纤端面清洁笔

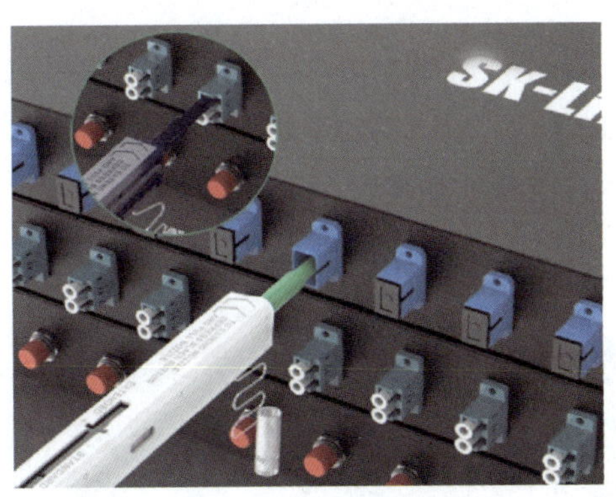

图 2-10-41　端面清洁笔的使用

6. 光纤终端盒

光纤终端盒是光缆接续、端接设备，终端盒内尾纤与光缆的光纤通过熔接或冷接方式接续，相当于将光缆拆分为单根光纤，光纤终端盒有桌面式（壁挂式）、机架式等，如图 2-10-42 和图 2-10-43 所示。光纤终端盒的功能是提供光纤与光纤的接续、光纤与尾纤的熔接（或冷接）以及光连接器的交接，并对光纤及其配件提供机械保护和环境保护。

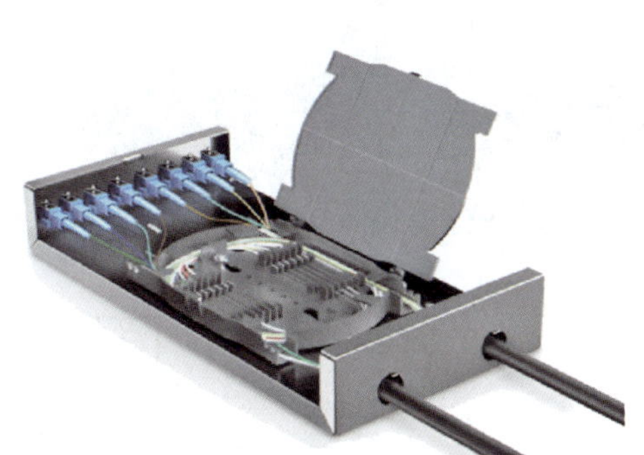

图 2-10-42　壁挂式终端盒

图 2-10-43　机架式终端盒

7. 光纤配线架

光纤配线架（optical distribution frame，ODF）是光通信设备与光通信设备之间配线路连接、光缆和光通信设备之间以及光缆之间的配线连接设备，具有光缆固定、保护、端接等功能，是数据机房、室内外光交箱中不可或缺的设备。4U 光纤配线架如图 2-10-44 所示。光纤熔接盘如图 2-10-45 所示

图 2-10-44　4U 光纤配线架

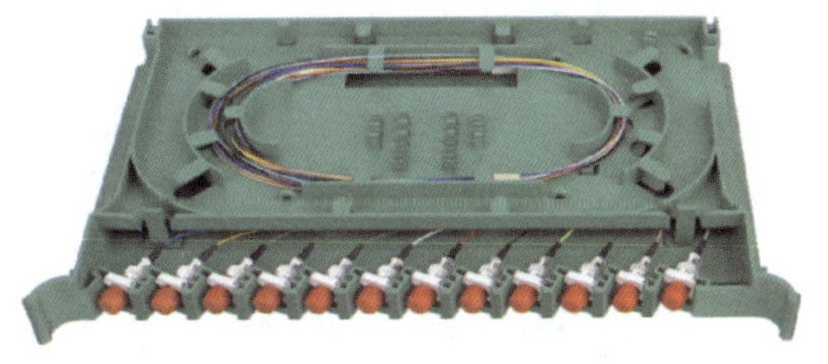

图 2-10-45　光纤熔接盘

三、层绞式室外光缆开缆

层绞式室外光缆开缆(采用GYTS-12B1.3型室外光缆)

1. 工机具准备

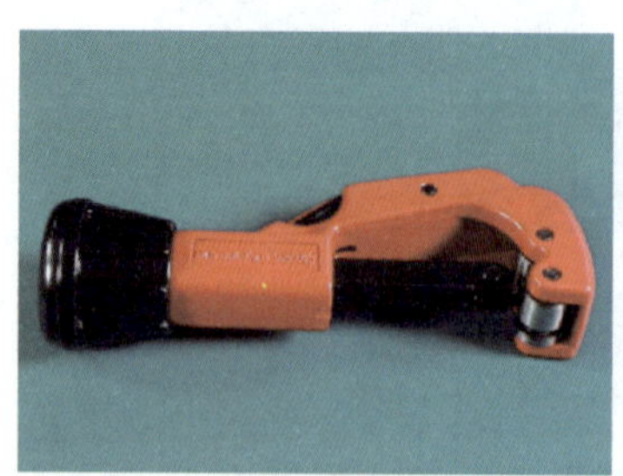 旋转开缆刀	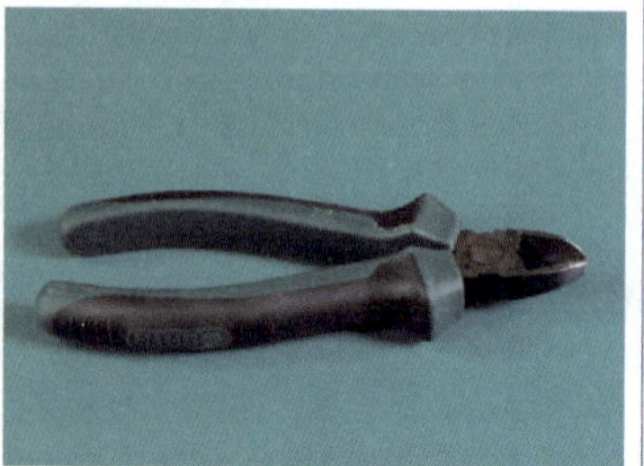 斜口钳	 卫生纸
 剪刀	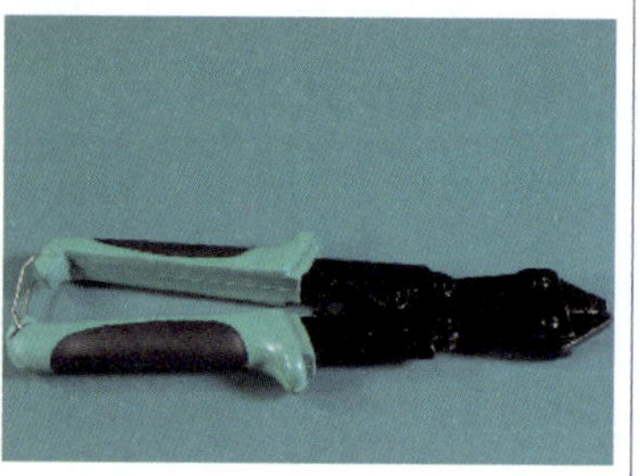 钢丝钳	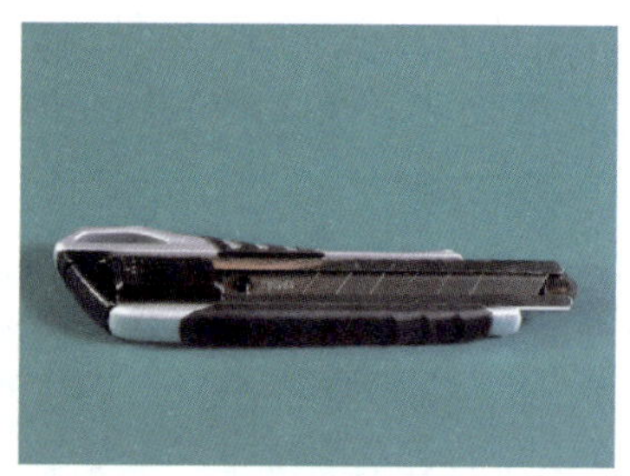 美工刀

2. 开缆

(1)确认光缆端头有无损伤。 **注意:**仔细确认在布线施工过程中,缆头部分有无损伤,若有损伤则需要剪掉损伤部分	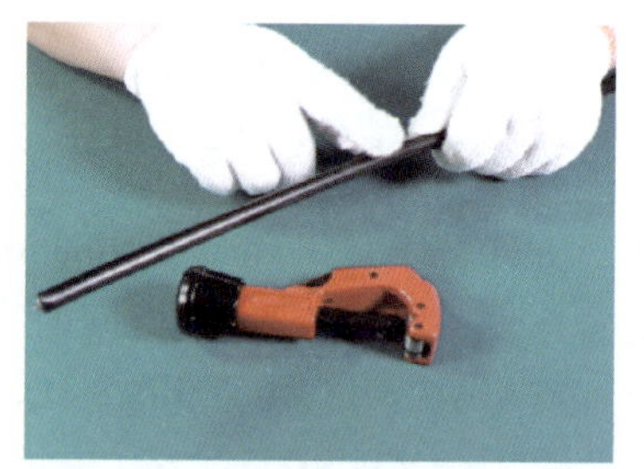
(2)确认开缆长度。一般端接配线时的长度一般为80~120 cm。 **注意:**可以分多次开剥,以免外护套难以拔出来,一次开剥长度约为40 cm	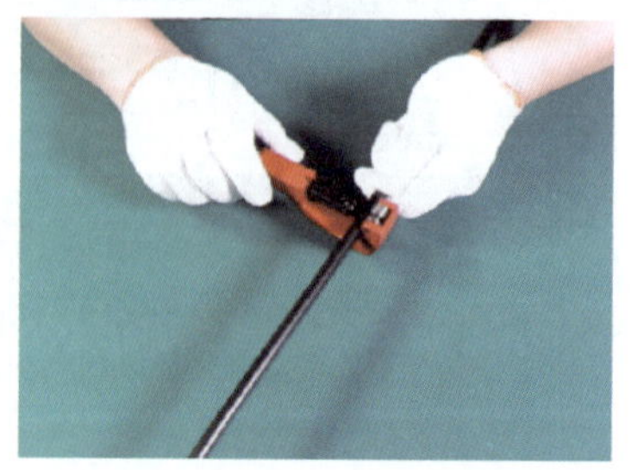

(3)轻轻揉动开剥处,使护套层从开剥处断开。
注意:不可过度弯折,避免损伤光纤

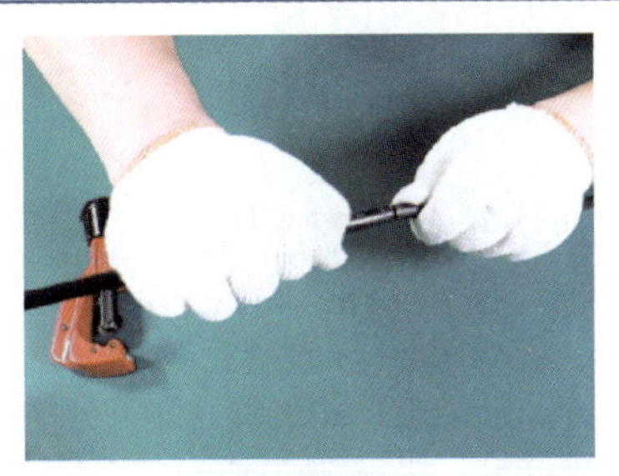

(4)用力将外护套抽出。
注意:拔出外护套时,需沿着轴向用力,避免弯折光缆

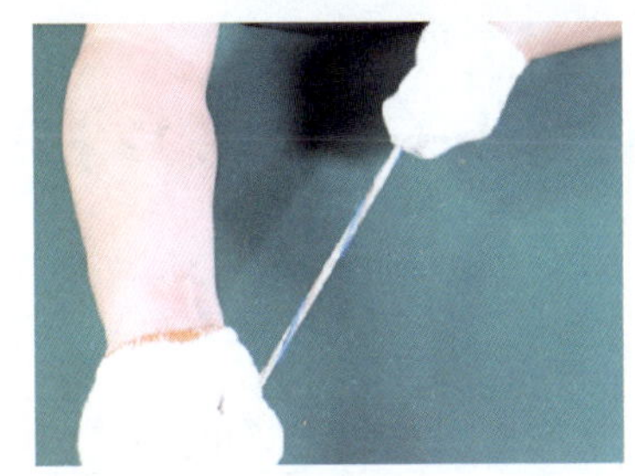

(5)去除填充件和纺纱层。
注意:保护松套管不要被损坏

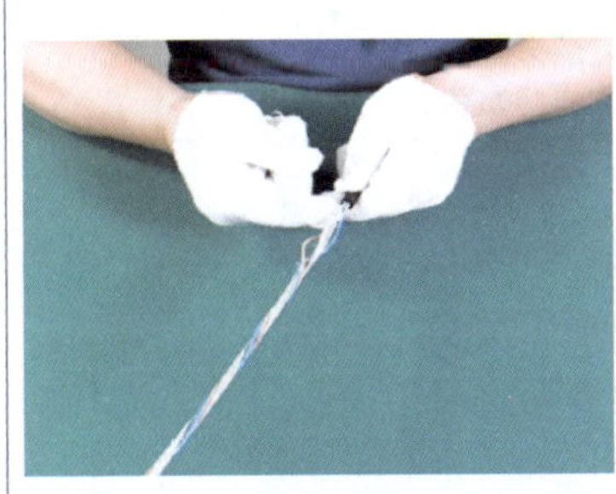

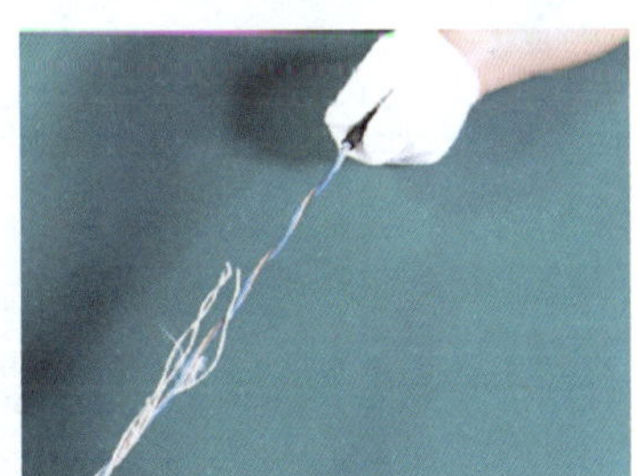

(6)使用卫生纸擦除光缆中填充的油膏。
注意:为达到较好清洁效果,可清洁多次

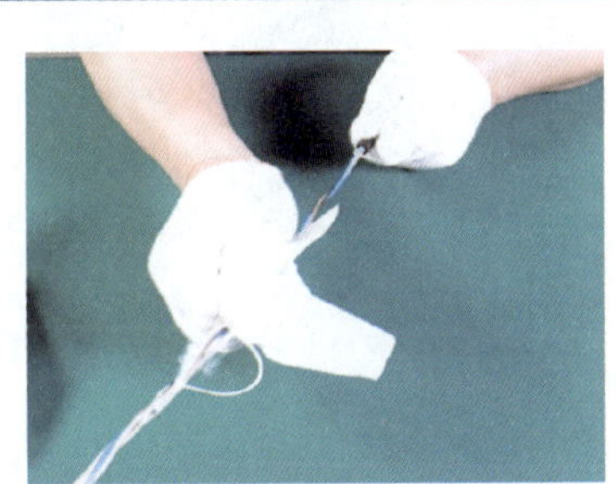

(7)重复(2)~(6)的步骤,剥开剩余的部分。

(8)使用钢丝钳剪断加强钢芯留下约 10 cm。

(9)操作完成。	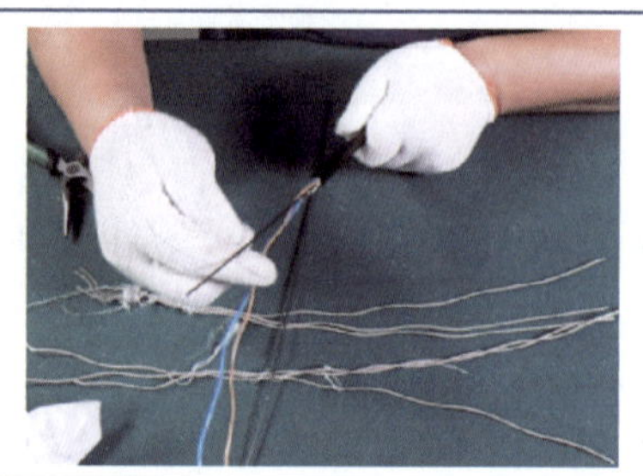

任务十一　完成 12 芯中心管式光缆接续作业

任务目标

工作任务	完成 12 芯中心管式室外单模光缆(GYXTW-12B1)的接续作业
任务要求	(1)按照国标线序排列光纤的顺序; (2)使用二进二出 24 芯光缆接头盒(熔接包); (3)光纤连接用熔接法,具体连接如图 2-11-1 所示

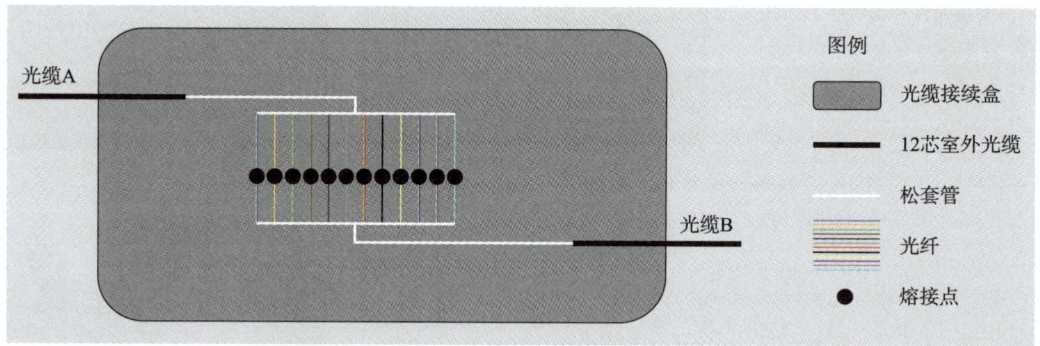

图 2-11-1　连接示意图

任务准备

请自行查阅资料或观看视频,完成以下工作准备。

引导问题 1:请描述光缆接头盒的类型以及作用。

类型:

作用:

引导问题2：某施工单位在土建施工时，不慎挖断了某园区的主干96芯室外光缆，现需对主干光缆进行接续，请你选择合适类型的接头盒。

接头盒选型：

____

____

引导问题3：某园区拟从网络中心所在楼宇A，向楼宇B和楼宇C敷设一根48芯主干光缆，施工方拟采用分歧接续的方式在人井处分别敷设两根24芯光缆至楼宇B和楼宇C，请你选择合适类型的48芯主干光缆、24芯分支光缆以及接续盒完成48芯光缆的分歧接续。

接头盒选型：

____

48芯光缆选型：

____

24芯光缆选型：

____

48芯光缆至楼宇B分支纤芯（纤芯的编号或色谱）：

____

____

48芯光缆至楼宇C分支纤芯（纤芯的编号或色谱）：

____

____

引导问题4：请有序组织施工。请为小组成员合理分配任务，填写施工作业人员安排表（见表2-11-1）。

表2-11-1　施工作业人员安排表

施工作业人员	分配作业内容

引导问题5：器材准备。填写任务所需要的器材选用表（见表2-11-2）。

表 2-11-2　器材选用表

序　号	器材名称	器材型号	数　量	单　位

引导问题 6：工机具准备。填写任务所需要的工机具选用表（见表 2-11-3）。

表 2-11-3　工机具选用表

序　号	工机具名称	功　　能

任务实施

4 芯中心管式光缆接续（2 进 2 出连接盒）（视频）

4 芯中心管式光缆接续（2 进 2 出接续盒）（文本）

技能训练 1：请遵循表 2-11-4 的作业步骤完成工作任务。

表 2-11-4　光缆接续步骤

作业步骤	作业内容及标准	完成任务
作业前准备	①根据表 2-11-1，各自做好准备工作； ②做好作业前准备工作：穿好实训服、佩戴好劳保用品、领取器材和工机具等； ③确认光纤熔接机的电池电量（首次使用需要做放电校正），安装好冷却托盘	①填写表 2-11-1，合理分配工作任务； ②填写表 2-11-2 器材选用表； ③填写表 2-11-3 工机具选用表； ④根据器材选用表领用作业器材； ⑤根据工机具选用表领用作业工机具

续表

作业步骤	作业内容及标准	完成任务
整理接头盒配件	①打开接头盒,整理配件; ②整理接头盒配件,留下两根光缆接续所需配件,多余配件妥善留存	
室外光缆开缆	开剥两根12芯中心管式室外单模光缆,要求:开剥长度不少于80 cm①、松套管无损伤、去除填充件、加强钢丝预留长度不大于10 cm,填充油膏清理干净	
光缆固定	将光缆从接头盒的进/出缆口插入后固定,要求:光缆固定良好、未过度挤压、加强钢丝固定良好(去除多余钢丝)、松套管未受到挤压。 **注意**:若光缆较细,为方便固定,可人为"加粗"光缆	
开剥松套管并清洁光纤	利用三口米勒钳的大口(或美工刀)在进入盘纤盘的位置剥开,且使用卫生纸或面粉清洁裸纤。 **注意**:避免割伤纤芯、不可使用无水酒精清洁	
预盘纤	整理两根光缆光纤,在纤盘中预盘纤两圈,剪去多余光纤。 **注意**:两根光缆光纤的尾端相对	
穿入热缩套管	①在一根光缆的光纤端穿入热缩套管,要求:一芯一管; ②将两根光缆光纤分置于两侧,避免熔接时产生交叉,影响后期盘纤	
端面制作	①熔接机开机; ②米勒钳剥除光纤涂覆层20~25 mm,用无尘纸(或脱脂棉花)沾无水酒精清洁裸纤2~3次,再用切割刀切割端面,要求:裸纤余留长度不大于20 mm(最佳长度15 mm)。 要求:已完成端面切割的光纤必须及时放入光纤熔接机的V形槽避免二次污染;光纤放置完毕需关闭防尘盖板,避免灰尘和杂物进入熔接仓	
光纤熔接	通过关闭防尘盖板自动启动光纤熔接(或点击放电按钮启动光纤熔接),光纤熔接过程自动进行,熔接完成后一般会显示熔接损耗	
热缩保护	①打开热缩套管加热仓; ②打开防尘盖,取出熔接好的光纤; ③将熔接好的裸纤置于热缩套管的中间部位,放入加热仓进行加热,加热完毕后放入冷却托盘冷却。 **注意**:热缩套管刚取出时是高温状态,避免烫伤	
熔接并保护余下光纤	重复端面制作、光纤熔接、热缩保护等步骤,完成余下11芯光纤熔接	
整埋并盘纤	①整理冷却的热缩套管,放入热缩套管卡槽; ②分两段进行盘纤。将光纤"对扭"形成∞状,"对折"后放入线盘即可	

① 开剥长度非固定长度,首先取决于是终端盒成端还是ODF架成端,其次取决于预留和盘纤长度。

续表

作业步骤	作业内容及标准	完成任务
封闭接头盒	封闭接头盒，确保防水防尘密封泥（或密封胶条）填充完好、螺钉紧固不松动、不缺少固定螺钉。 **注意：**紧固螺钉时，必须先沿对角线固定，最后统一紧固，避免密封不良现象	
测试	①常规测试：可使用红光激光笔测试光缆纤芯对应及通断情况； ②OTDR 测试：光链路的长度、插入损耗、熔接损耗、链路平均损耗等	
任务结束	现场清理： ①整理工机具； **注意：**熔接机关闭电源，测试激光笔关闭电源。 ②作业现场的整理与清扫，熔接过程光缆产生的垃圾放入有害垃圾桶	①整理工机具； ②完成作业现场的整理与清扫； ③填写作业（施工）日志

技能训练 2：作业（施工）日志填写。根据施工进程，填写作业（施工）日志（见表 2-11-5）。

表 2-11-5　作业（施工）日志

任务名称					
作业日期	____年____月____日星期____		作业地点（或工位号）		
作业人员					

作业前准备工作：
注：从着装开始，梳理作业的准备工作，完成相应的引导问题并确认以下四项内容，确认后打√

□着装检查符合要求	□器材领用与检查	□设备领用与检查	□工机具领用与检查

其他准备工作：

____

____

安全风险控制：

____

____

____

作业中存在的问题及解决方法：

____

____

____

任务完成进度和质量：

____

____

____

考核与评价

请作业人员、小组成员和教师依据表2-11-6完成本次任务考核。

表2-11-6 考核赋分表

<table>
<tr><th rowspan="2">评价项目</th><th rowspan="2">评价内容</th><th rowspan="2">分值</th><th colspan="3">评价分数</th></tr>
<tr><th>自评</th><th>互评</th><th>师评</th></tr>
<tr><td rowspan="6">职业素养
40%</td><td>穿戴规范、整洁：
①衣着得体大方、整洁；(2)
②穿戴符合安全生产要求(3)</td><td>5</td><td></td><td></td><td></td></tr>
<tr><td>安全意识、责任意识：
①工机具摆放合理，符合安全生产要求；(2)
②作业过程中带好防护用具；(2)
③设备使用符合规范(1)</td><td>5</td><td></td><td></td><td></td></tr>
<tr><td>积极参加教学活动，及时完成工作活页：
①课前完成准备阶段活页填写；(3)
②课中完成实施阶段活页填写；(4)
③内容填写规范，用语标准，描述准确(3)</td><td>10</td><td></td><td></td><td></td></tr>
<tr><td>团队合作能力：
①团队分工协作、分工合理；(3)
②协商解决问题，不蛮干、单干(2)</td><td>5</td><td></td><td></td><td></td></tr>
<tr><td>劳动纪律：
①现场施工秩序良好；(2)
②不跨工位操作；(1)
③不随意走动、聊天(2)</td><td>5</td><td></td><td></td><td></td></tr>
<tr><td>生产现场6S管理：
①现场工机具、器材、设备摆放合理、整齐；(2)
②保持施工现场的整洁；(2)
③施工有序、规范操作；(2)
④施工完毕后，工机具整理、现场清扫与整理；(2)
⑤将施工垃圾清扫并分类(2)</td><td>10</td><td></td><td></td><td></td></tr>
<tr><td rowspan="3">专业能力
60%</td><td>自行查找专业知识：
能通过教材、在线教学平台、互联网查找相关知识，并使用标准用语或标准符号填写活页(10)</td><td>10</td><td></td><td></td><td></td></tr>
<tr><td>作业（或施工）过程规范：
①工序正确；(2)
②工机具使用规范；(1)
③设备使用规范；(1)
④不踩踏线缆(1)</td><td>5</td><td></td><td></td><td></td></tr>
<tr><td>操作熟练度和工作效率：
①基本施工技艺娴熟；(2)
②光纤色谱标准和熔接工艺熟记；(2)
③施工进度符合要求(1)</td><td>5</td><td></td><td></td><td></td></tr>
</table>

续表

评价项目	评价内容	分值	评价分数		
			自评	互评	师评
专业能力 60%	项目验收： ①项目完成度(完成、高、中、低)；(10) ②光缆固定正确，稳固不松动；(5) ③盘纤预留长度合理；(5) ④接头盒密封良好；(5) ⑤熔接点热缩套管保护正确，测试时不漏光；(5) ⑥盘纤规范整齐，测试良好；(5) ⑦现场整洁(5)	40			
总评	自评得分：________互评得分：________师评得分：________ 自评×20%+互评×20%+师评×60% ≥85分优秀，≥75分良好，≥65分合格	综合得分			
		综合评价			

相关知识

一、认识室外光缆接头盒

光缆接头盒一般是指两根或多根光缆之间的保护性连接部分，由外壳、内部构件、密封元件和光纤固定接头保护组件四部分组成。经光缆接头盒保护后的光纤接头应能免遭潮气的侵蚀，不应产生附加损耗，其机械性能和环境性能应符合 IEC 61073-1① 和 YD/T 1024② 中的规定。

按光缆使用场合分类，可分为架空、管道(隧道)、直埋；按光缆连接方式分类，可分为直通接续、分歧接续；按密封方式分类，可分为机械密封、热缩密封。

依据 YD/T 814. 1—2013③ 中的要求，光缆接头盒一般要求：

(1)具有恢复光缆护套的完整性和光缆加强构件的机械连续性的性能；

(2)具有待接续光缆中金属构件之间的断开、接地及连通的功能；

(3)具有使光纤接头免受环境影响的性能；

(4)提供光纤接头的安放和余留光纤存储的功能。

工程实际使用中，光缆接头盒又称光缆熔接包、光缆接续盒等，一般有两端进出式和一端进出式(一端进出式常被称为“炮筒式”或“帽式”)，如图 2-11-2 和图 2-11-3 所示。根据实际固定光缆的数量和芯数，可分为 2 进 2 出 12 芯(或 24 芯、48 芯)、3 进 3 出 72 芯(或 96 芯)、4 进 4 出 72 芯(或 96 芯、144 芯)等。

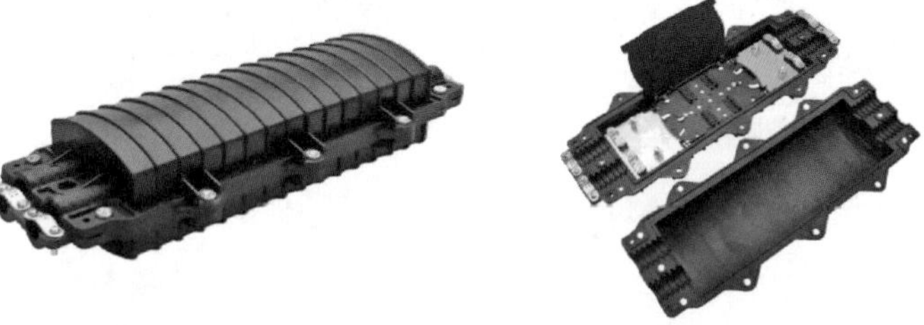

图 2-11-2　两端进出式接头盒

---

① 国际标准 IEC 61073-1《纤维光学互连器件和无源器件　光纤光缆机械式接头和熔融式接头保护装置　第 1 部分：总规范》。

② 中华人民共和国通信行业标准 YD/T 1024—1999《光纤固定接头保护组件》。

③ 中华人民共和国通信行业标准 YD/T 814. 1—2013《光缆接头盒　第 1 部分：室外光缆接头盒》。

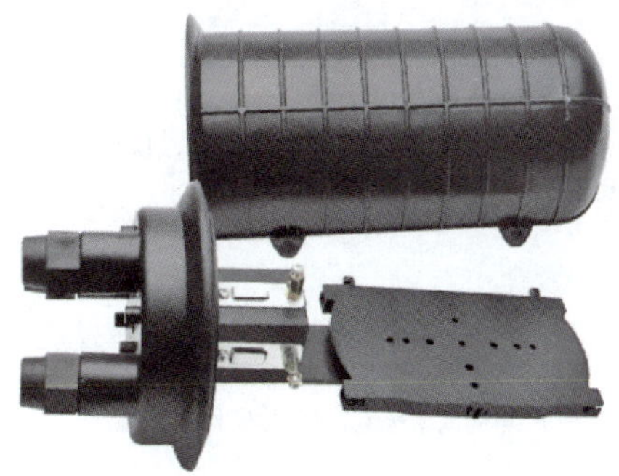

图 2-11-3　一端进出式接头盒

中心管式室外光缆开缆

二、中心管式光缆开缆

(一)材料及工机具准备

<table>
<tr><td colspan="3">1. 材料准备：
(1)GYXTW-12B1.3 中心管式室外光缆一根约 3 m</td></tr>
<tr><td>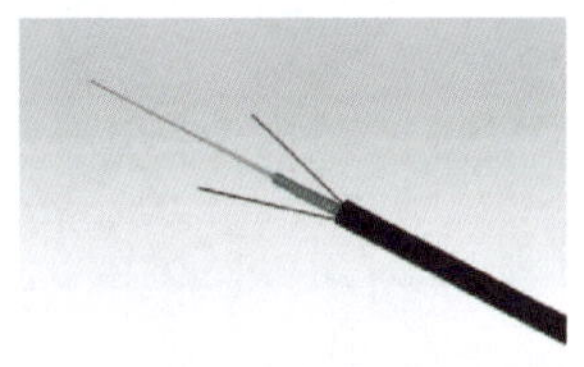
GYXTW-12B1.3 型室外光缆</td><td></td><td></td></tr>
<tr><td colspan="3">2. 工机具准备：</td></tr>
<tr><td>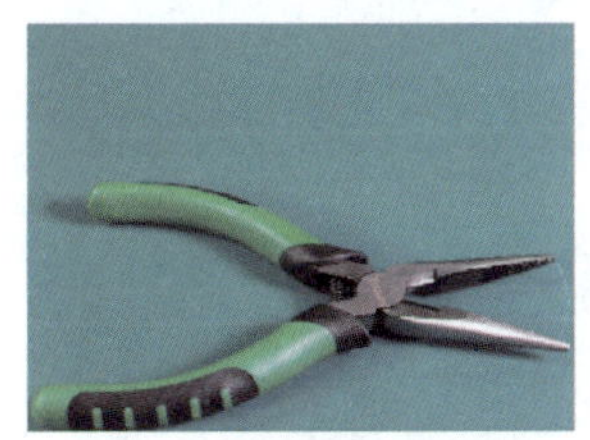
尖嘴钳</td><td>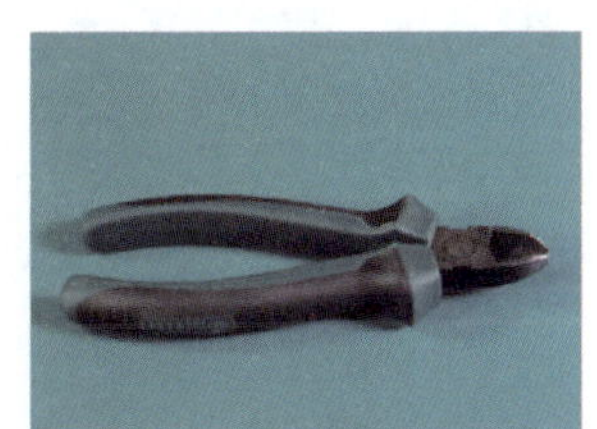
斜口钳</td><td>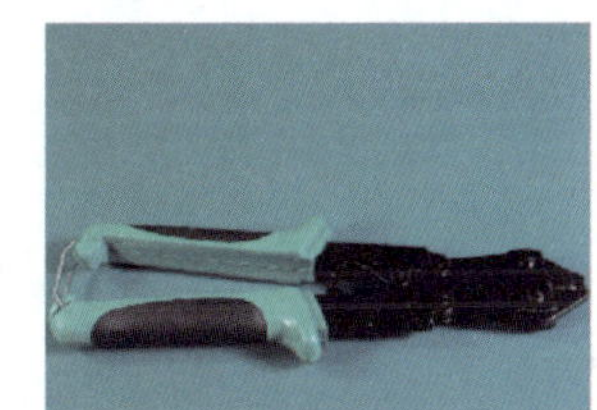
钢丝钳</td></tr>
<tr><td>
卫生纸</td><td>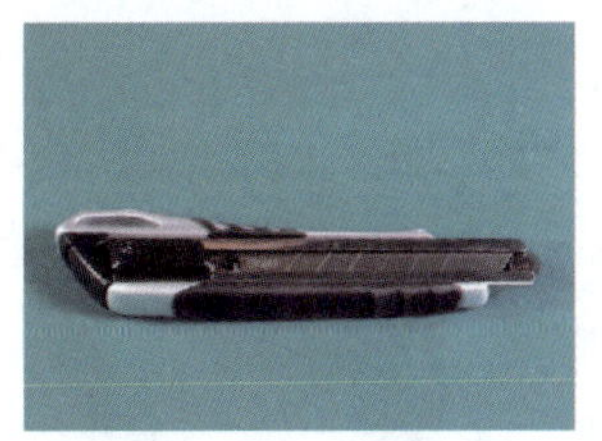
美工刀</td><td></td></tr>
</table>

(二)具体步骤

<table>
<tr><td colspan="2">(1-1)确认光缆端头无损伤。
注意:确认光缆端头在施工过程中,无破皮、过度弯曲、变形等损伤,若有则需要截去损伤部分</td><td></td></tr>
<tr><td colspan="2">(1-2)美工刀使用环切法,切割开剥点。
注意:避免损伤光缆内芯;避免造成人身伤害</td><td></td></tr>
<tr><td>(1-3)使用美工刀剥开光缆端头处的外套,露出两侧加强钢丝。使用尖嘴钳拨出钢丝。</td><td>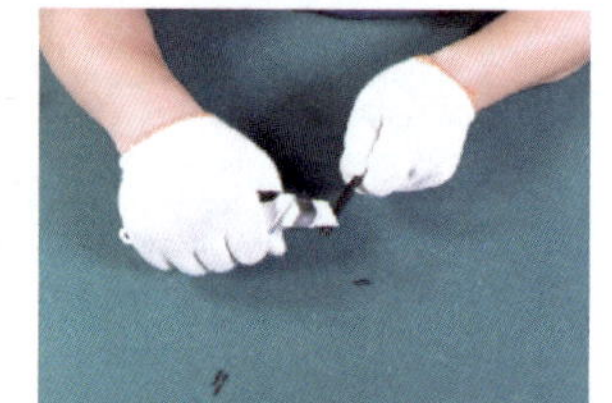</td><td></td></tr>
<tr><td>(1-4)使用尖嘴钳将两根加强钢丝卷/拨到环切处。</td><td>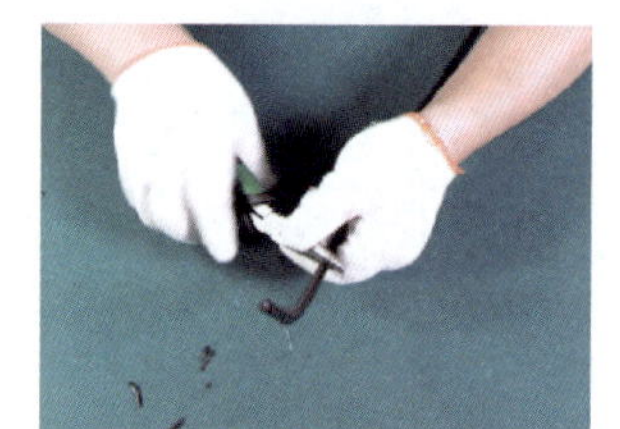</td><td>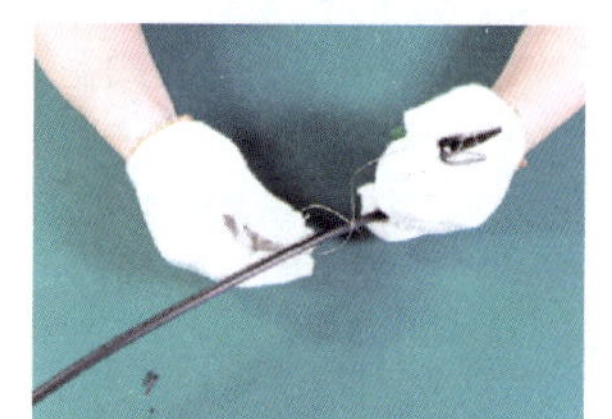</td></tr>
<tr><td colspan="2">(1-5)沿着环切处剪断其中一根钢丝,另一根钢丝留下约 10 cm。</td><td>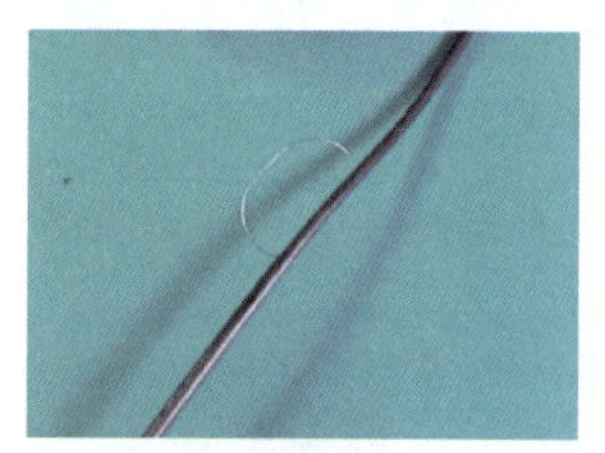</td></tr>
<tr><td colspan="2">(1-6)使用尖嘴钳分开外层聚乙烯护套。外层护套因两侧钢丝已经剥除,故而分成了两瓣。</td><td>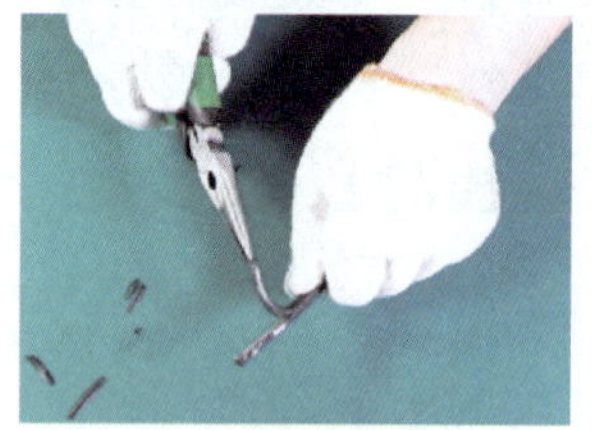</td></tr>
<tr><td>(1-7)将外层聚乙烯护套剥开至环切处,护套会断开。
注意:避免金属护套过度弯折损坏光纤</td><td>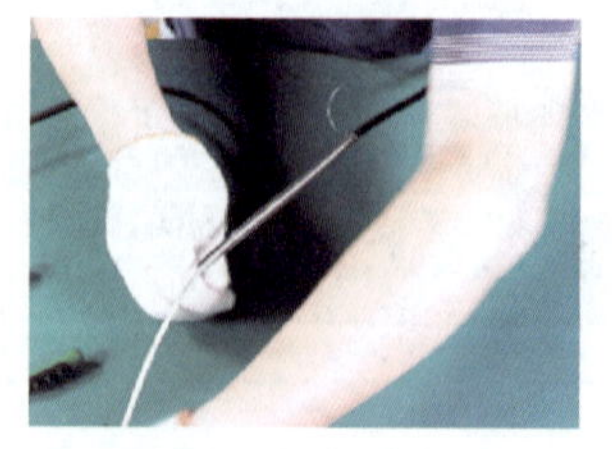</td><td>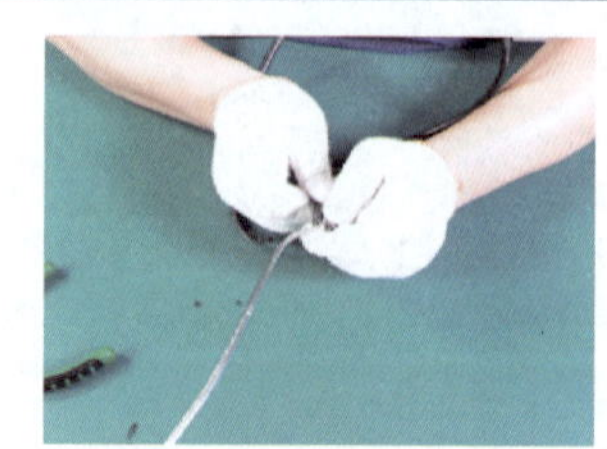</td></tr>
</table>

(1-8)使用美工刀环切金属护套层(或使用剥线钳合适的口开剥金属护套层)。 **注意:**避免损伤内部松套管或直接损伤光纤	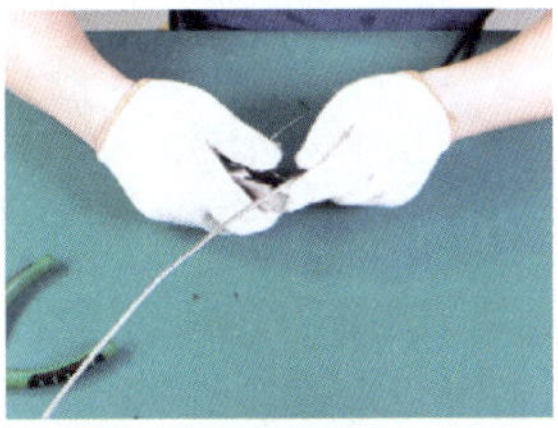
(1-9)轻柔金属护套层,金属护套层会在环切处断开,剥开金属护套。 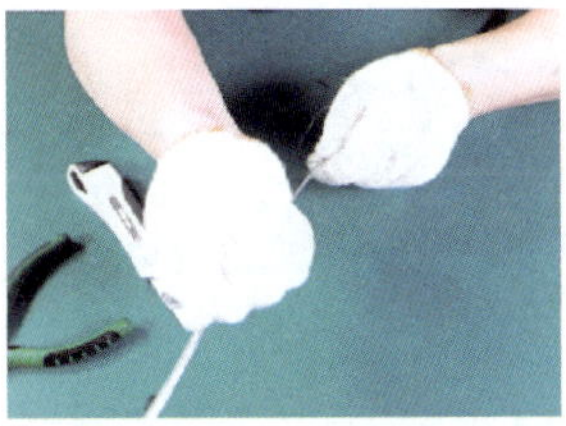	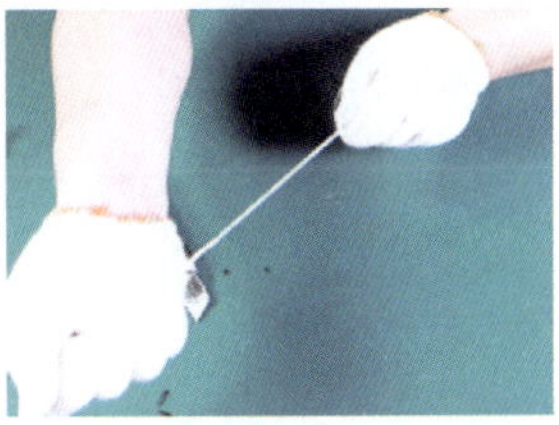
(1-10)操作完成。	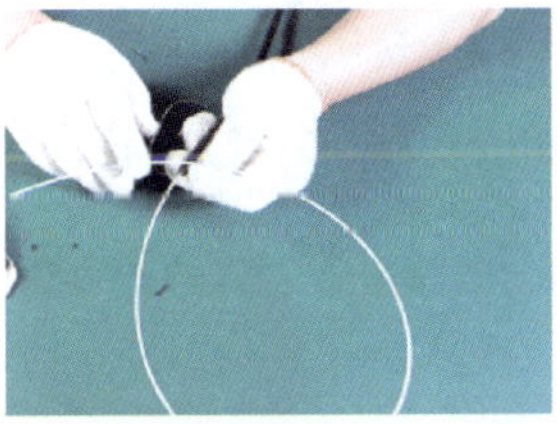
(2-1)美工刀使用环切法,切割开剥点。 **注意:**避免损伤光缆内芯;避免造成人身伤害	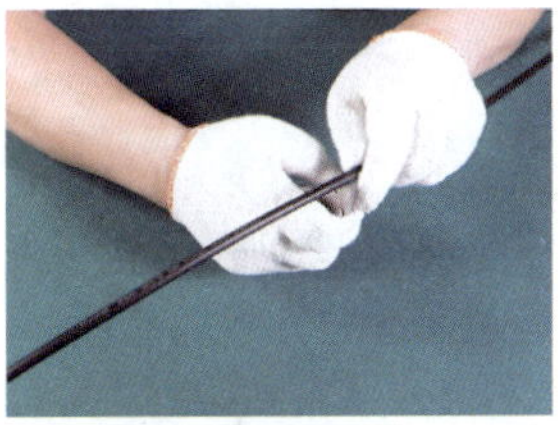
(2-2)美工刀使用环切法,在距离开剥点,靠近光缆端头的 15 cm 左右的位置环切第二个点。	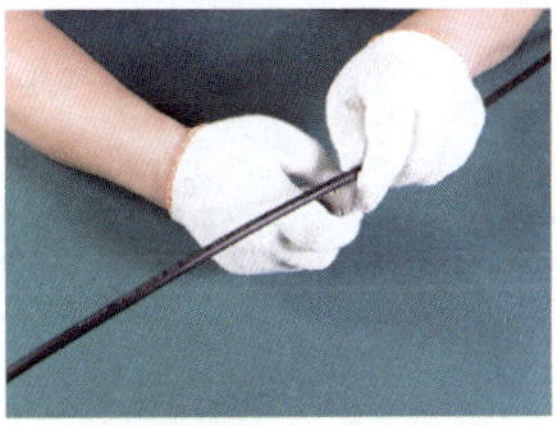
(2-3)找到钢丝位置,切除外层聚乙烯护套。 **注意:**可通过光缆弯曲时,是否有阻力来判断钢丝位置,有阻力有钢丝,基本无阻力则无钢丝	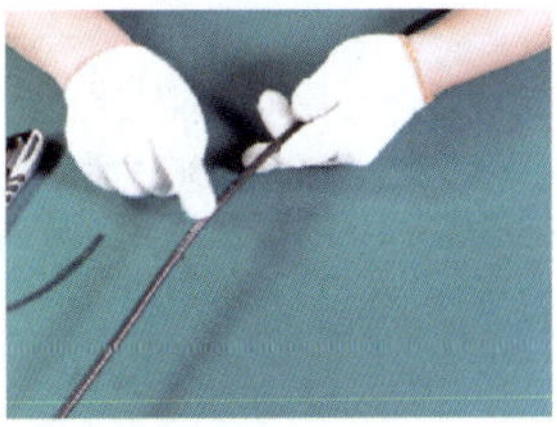
(2-4)剥除两侧钢丝位置的聚乙烯护套。	

(2-5)按钢丝位置,上下弯曲,使得钢丝弹出。		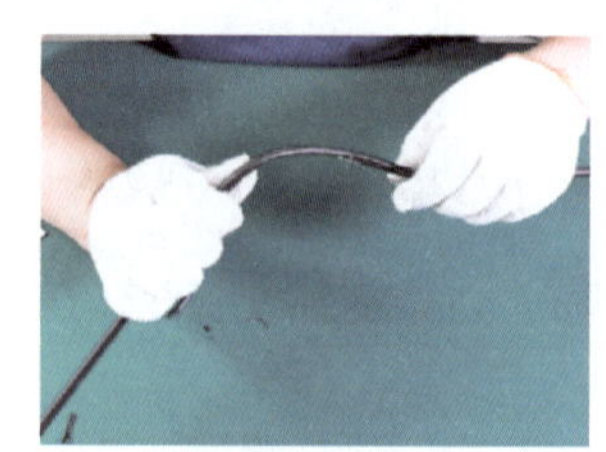
(2-6)剪断其中一根,预留一根。	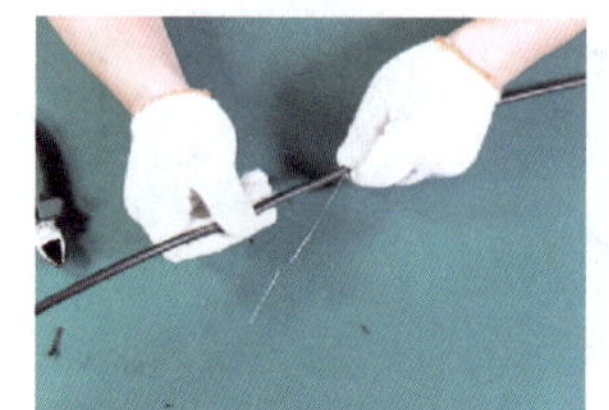	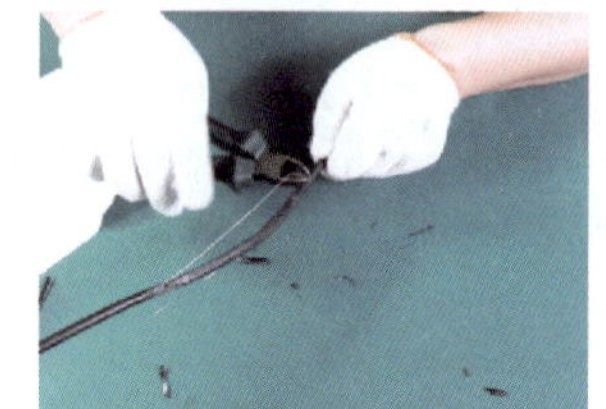
(2-7)加深环切位置,并轻揉光缆使金属护套层断开。 **注意:**避免损伤内部的护套管及光纤	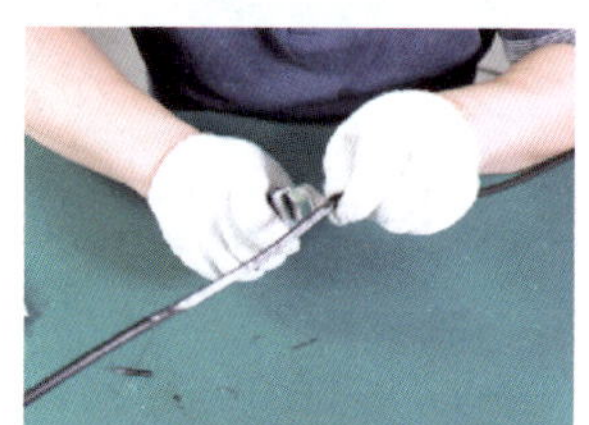	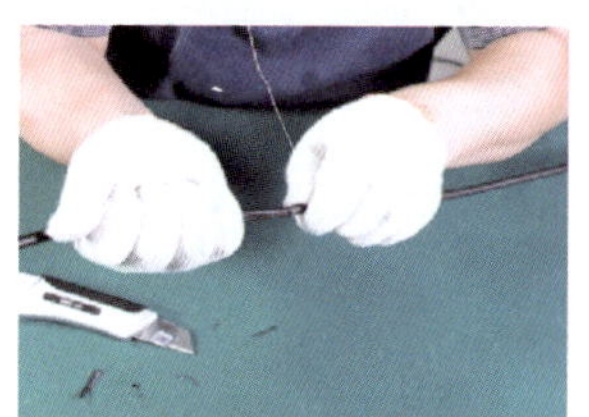
(2-8)拔出外护套,操作完成。	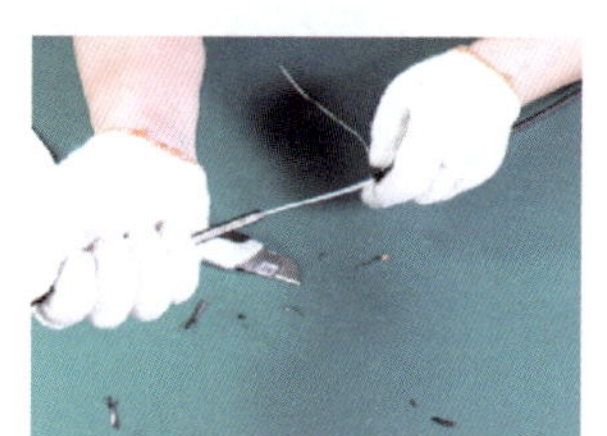	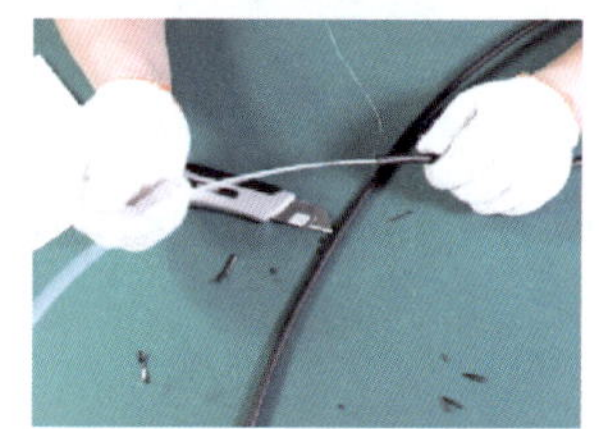

任务十二　制作 500 mm ×500 mm 圆角方形

 任务目标

工作任务	利用 Φ20 mm PVC 线管完成 500 mm×500 mm 的圆角方形,如图 2-12-1 所示
任务要求	(1)必须采用手工制弯的方式,弯曲半径不少于 40 mm①; (2)要求不多于分四段完成,用 Φ20 mm 直接头连接不同分段; (3)要求直线段固定管卡不少于两个

① 非屏蔽和屏蔽四对对绞电缆的弯曲半径不应小于电缆外径的 4 倍。以 Cat. 7 类电缆为例,电缆外径约为 9 mm,一般不超过 9.5 mm。

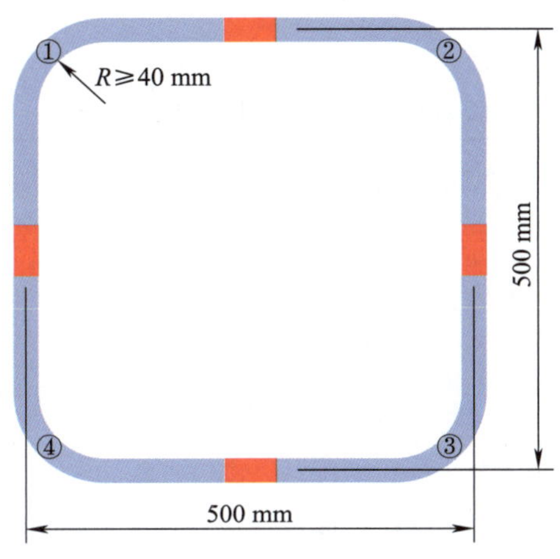

图 2-12-1　拼接示意图

任务准备

请自行查阅资料，完成以下工作。

引导问题 1：请描述常见线管类型与线管尺寸。

类型：

尺寸：

引导问题 2：以 Φ20 mm PVC 线管为例，这里的 Φ20 mm 的意思是：

引导问题 3：PVC 或金属线管弯管是基于何种原理。

引导问题 4：预埋暗管时，过线盒设置原则。

引导问题5:请有序组织施工。请为小组成员合理分配任务,填写施工作业人员安排表(见表2-12-1)。

表2-12-1　施工作业人员安排表

施工作业人员	分配作业内容

引导问题6:器材准备。填写任务所需要的器材选用表(见表2-12-2)。

表2-12-2　器材选用表

序　号	器材名称	器材型号	数　量	单　位

引导问题7:工机具准备。填写任务所需要的工机具选用表(见表2-12-3)。

表2-12-3　工机具选用表

序　号	工机具名称	功　　能

引导问题 8:按照国家建筑标准设计图集《综合布线系统工程设计与施工》20X101-3(施工部分,第 65/5-5 页)要求,“管路转弯的曲率半径不应小于所传入缆线的最小允许弯曲半径,并且不应小于该管外径的 6 倍;当暗管外径大于 50 mm 时,不应小于 10 倍”。请你结合国家标准,判断图 2-12-1 的设计是否正确,若不正确,请指出并修改为正确的数值,同时按照正确的参数施工。另,在施工中,你碰到这种情况应如何处置?

____

____

____

____

____

PVC 线管成型与连接

技能训练

技能训练 1:请遵循表 2-12-4 的作业步骤完成工作任务。

表 2-12-4　作业步骤

作业步骤	作业内容及标准	完成任务
作业前准备	①根据表 2-12-1,各自做好准备工作; ②做好作业前准备工作:穿好实训服、佩戴好劳保用品、领取器材和工机具等	①填写表 2-12-1,合理分配工作任务; ②填写表 2-12-2 器材选用表; ③填写表 2-12-3 工机具选用表; ④领用作业器材; ⑤领用作业工机具
弯管	①从 3 m 长的 PVC 管上截取 52 cm 长度共计四根; ②在 PVC 线管的 26 cm(中心)处做标记; ③插入弹簧弯管器,进行弯管。 **注意:**弯管时弯曲半径控制,“过度”弯曲修正的时弯管器必须在线管中	完成四根线管的弯管
连接直接头	连接 Φ20 mm 直接头,若 PVC 管过长,可用 PVC 线管剪修正。 **注意:**确保尺寸正确(直线段外边宽度为 52 cm,内边缘宽度为 48 cm),直接头内无旷量	
安装管卡	在实训墙上安装不少于八个管卡,每边至少两个,注意避开直接头的位置	
安装圆角方形框	将圆角方形框固定到实训墙	
任务结束	现场清理: ①整理工机具; ②作业现场的整理与清扫,PVC 塑料放入可回收垃圾桶	①整理工机具; ②完成作业现场的整理与清扫; ③填写作业(施工)日志

技能训练2:作业(施工)日志填写。根据施工进程,填写作业(施工)日志(见表2-12-5)。

表2-12-5 作业(施工)日志

<table>
<tr><td>任务名称</td><td colspan="5"></td></tr>
<tr><td>作业日期</td><td colspan="2">____年____月____日星期____</td><td>作业地点
(或工位号)</td><td colspan="2"></td></tr>
<tr><td>作业人员</td><td></td><td></td><td></td><td></td><td></td></tr>
</table>

作业前准备工作:
注:从着装开始,梳理作业的准备工作,完成相应的引导问题并确认以下四项内容,确认后打√

□着装检查符合要求	□器材领用与检查	□设备领用与检查	□工机具领用与检查

其他准备工作:

____

____

安全风险控制:

____

____

____

作业中存在的问题及解决方法:

____

____

____

任务完成进度和质量:

____

____

____

考核与评价

请作业人员、小组成员和教师依据表2-12-6完成本次任务考核。

表2-12-6 考核赋分表

<table>
<tr><td rowspan="2">评价项目</td><td rowspan="2">评价内容</td><td rowspan="2">分值</td><td colspan="3">评价分数</td></tr>
<tr><td>自评</td><td>互评</td><td>师评</td></tr>
<tr><td rowspan="2">职业素养
40%</td><td>穿戴规范、整洁:
①衣着得体大方、整洁;(2)
②穿戴符合安全生产要求(3)</td><td>5</td><td></td><td></td><td></td></tr>
<tr><td>安全意识、责任意识:
①工机具摆放合理,符合安全生产要求;(2)
②作业过程中穿戴好防护用具(3)</td><td>5</td><td></td><td></td><td></td></tr>
</table>

续表

评价项目	评价内容	分值	评价分数		
			自评	互评	师评
职业素养 40%	积极参加教学活动,及时完成工作活页: ①课前完成准备阶段活页填写;(3) ②课中完成实施阶段活页填写;(4) ③内容填写规范,用语标准、描述准确(3)	10			
	团队合作能力: ①团队分工协作、分工合理;(3) ②协商解决问题,不蛮干、单干(2)	5			
	劳动纪律: ①现场施工秩序良好;(2) ②不跨工位操作;(1) ③不随意走动、聊天(2)	5			
	生产现场6S管理: ①现场工机具、器材、设备摆放合理、整齐;(2) ②保持施工现场的整洁;(2) ③施工有序、规范操作;(2) ④施工完毕后,工机具整理、现场清扫与整理;(2) ⑤将施工垃圾分类,并清扫(2)	10			
专业能力 60%	自行查找专业知识: 能通过教材、在线教学平台、互联网查找相关知识,并使用标准用语或标准符号填写活页(10)	10			
	作业(或施工)过程规范: ①工序正确;(2) ②工机具使用规范;(1) ③设备使用规范;(1) ④不踩踏器材、工机具(1)	5			
	操作熟练度和工作效率: ①线管弯管技术娴熟、长度控制合适;(2) ②相关标准和工艺熟记;(2) ③施工进度符合要求(1)	5			
	项目验收: ①项目完成度;(5) ②弯管曲率半径符合要求;(5) ③直接头与线管连接处无旷量;(10) ④弯管处弧形饱满,未有不良形变(瘪、折);(10) ⑤每一直线处安装了至少两个固定卡扣;(5) ⑥现场整洁(5)	40			
总评	自评得分:________互评得分:________师评得分:________ 自评×20%+互评×20%+师评×60% ≥85分优秀,≥75分良好,≥65分合格	综合得分			
		综合评价			

相关知识

一、认识布线管材

1. 线管

(1)PVC 和 PE 阻燃线管

PVC 阻燃线管称为硬聚氯乙烯管,是经过加工设备挤压成型的刚性导管。小管径 PVC 阻燃线管可在常温下使用弹簧弯管器弯曲，便于在施工中使用。按外径划分有 Φ16 mm、Φ20 mm、Φ25 mm、Φ32 mm、Φ50 mm、Φ110 mm 等规格。

①单根 PVC 管及配件。常见的 PVC 管有红色、蓝色、白色三种颜色，按照壁厚又可分为轻型、中型、重型。在家装领域一般使用红色穿放强电电缆，蓝色穿放弱电线缆。PVC 管及配件如图 2-12-2 所示。

②梅花管。PVC 七孔梅花管是以 PVC 粒子为主要材料加上其他配方经过特殊模具而形成的一种梅花状的通信管材，又称梅花管和蜂窝管或七彩管，如图 2-12-3 所示。梅花管一次敷设，可分配给多种业务线缆或不同运营商使用。

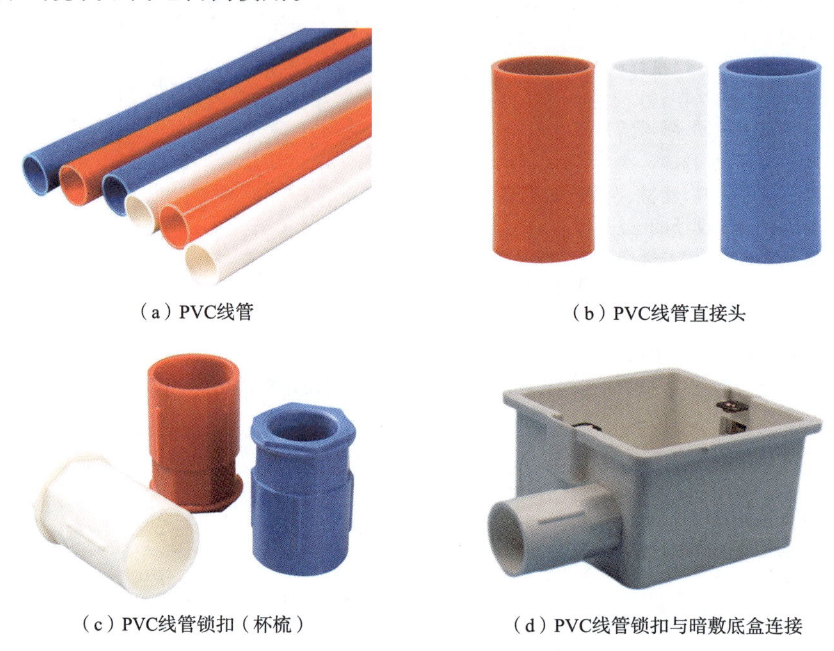

（a）PVC线管　（b）PVC线管直接头

（c）PVC线管锁扣（杯梳）　（d）PVC线管锁扣与暗敷底盒连接

图 2-12-2　PVC 管及配件

(2) HDPE 硅芯管

HDPE 硅芯管是一种内壁带有硅胶质固体润滑剂的新型复合管道，简称硅管（或硅芯管），如图 2-12-4 所示。HDPE 硅芯管具有密封性能好、耐化学腐蚀、工程造价低等特点，采用气吹法敷设光缆，一次性穿缆长度 500 ~ 2 000 m，可减少线缆接头、人井、手孔，被广泛运用于高速公路，铁路等光电缆通信网络系统。

图 2-12-3　梅花管

图 2-12-4　HDPE 硅芯管

(3) HDPE 碳素波纹管

HDPE 碳素波纹管是采用 HDPE（高密度聚乙烯）与碳素复合材料挤出成型和独特的旋转成型

工艺技术生产的新型电力线缆保护管道，是使用较为广泛的地下电缆护套管，如图 2-12-5 所示。

(4)金属线管

①JDG 线管。JDG 线管又称紧定式镀锌钢导管，如图 2-12-6 所示。导管采用优质冷轧带钢，经高频焊机组自动焊缝成型、双面镀锌保护；壁厚均匀，卷焊圆度高，与管接头公差配合好，焊缝小而圆顺，管口边缘平滑；用配套弯管器弯管时横截面变形小。

图 2-12-5　HDPE 碳素波纹管

图 2-12-6　JDG 线管

JDG 线管出厂长度为 3 m、4 m，共有 Φ16 mm、Φ20 mm、Φ25 mm、Φ32 mm、Φ40 mm、Φ50 mm 六种规格。

标准型导管壁厚为 1.6 mm，预埋、吊顶敷设均适用；非标型导管壁厚为 1.2 mm 等，仅适用于吊顶敷设。

JDG 线管与管的连接：先把导管与直管接头插紧定位后，用紧定扳手或螺丝刀持续拧紧紧定螺钉，直至拧断“脖颈”。

JDG 线管与接线盒的连接：旋下螺纹接头的爪形螺母并置于接线盒内壁面，用紧定扳手使爪形螺母与六角螺母里外夹紧接线盒，再将导管与螺纹接头的另一端连接，其工艺做法同导管与直管接头的连接。

JDG 线管配件如图 2-12-7 所示。

(a) JDG线管配件-底盒

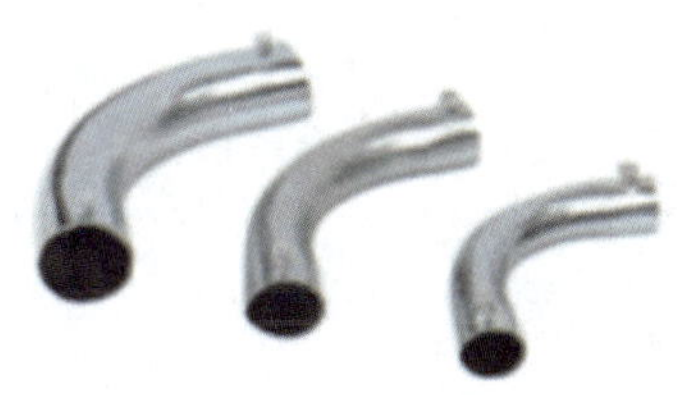

(b) JDG线管配件-弯头

(c) JDG线管配件-直接

(d) JDG线管配件-盒接

(e) JDG线管配件-马鞍卡

(f) JDG线管弯管器

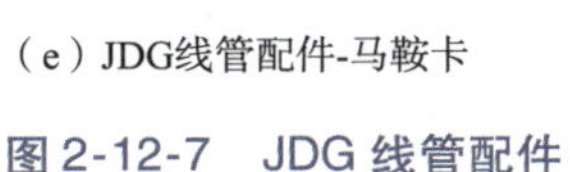

图 2-12-7　JDG 线管配件

②KBG线管。KBG线管又称扣压式薄壁导线管，如图2-12-8所示。导管采用优质冷轧带钢，双面镀锌而制成。KBG线管壁厚均匀，卷焊圆度高，与管接头公差配合好，焊缝小而圆顺，管口边缘平滑。KBG线管共有Φ16 mm、Φ20 mm、Φ25 mm、Φ32 mm、Φ40 mm、Φ50 mm六种规格，管壁厚度分别为1 mm或1.2 mm，导管出厂长度均为4 m，一般适用于吊顶内敷设。

KBG管与管连接：直接将导管插入直管接头或弯管接头，用扣压钳在连接处施行扣压即可。KBG管与接线盒连接：先将螺纹接头与接线盒螺纹连接，再将导管插入螺纹管接头的另一端，用扣压钳在螺纹管接头与导管连接处施行扣压。

③SC[①]管。SC管又称焊接钢管，一般内外两面镀锌，如图2-12-9所示。敷设线缆时接续，一般采用焊接法。焊接时不能焊透接缝处，避免焊渣透过接缝在管内冷却后形成锋利的凸起，容易引起铜缆外被损伤造成短路。

图2-12-8　KBG线管

图2-12-9　SC管

2. 室外水泥电缆管

室外水泥电缆管（见图2-12-10）适用室外高速公路，一、二级公路，重载车辆通过路段，园区，人行道和绿化带等的直埋敷设。电缆管加长了井距，减少了人井数量，降低了工程成本。具有敷设简单、耐酸碱腐蚀、强度高、使用寿命长等特点。

图2-12-10　室外水泥预制管道

二、布线通道敷设

1. 金属导管、槽盒明敷

（1）槽盒明敷设时，与横梁或侧墙或其他障碍物的间距不宜小于100 mm。

---

① SC(run in welded steel conduit)表示导线穿焊接钢管敷设。

(2)槽盒的连接部位不应设置在穿越楼板处和实体墙的孔洞处。

(3)竖向导管、电缆槽盒的墙面固定间距不宜大于1 500 mm。

(4)在距接线盒300 mm处、弯头处两边、每隔3 m处均应采用管卡固定。

2. 预埋金属槽盒

(1)在建筑物中预埋槽盒,宜按单层设置,每一路由进出同一过线盒的预埋槽盒均不应超过三根,槽盒截面高度不宜超过25 mm,总宽度不宜超过300 mm。槽盒路由中当包括过线盒和出线盒时截面高度宜在70～100 mm范围内。

(2)槽盒直埋长度超过30 m或在槽盒路由交叉、转弯时,宜设置过线盒。

(3)过线盒盖应能开启,并应与地面齐平,盒盖处应具有防灰与防水功能。

(4)过线盒和接线盒盒盖应能抗压。

(5)从金属槽盒至信息插座模块接线盒、86底盒间或金属槽盒与金属钢管之间相连接时的缆线宜采用金属软管敷设。

3. 预埋暗管

(1)建筑物内暗敷设时,应采用金属管、可弯曲金属电气导管等保护。

(2)导管在地下室各层楼板或潮湿场所敷设时,不应采用壁厚小于2.0 mm的热镀锌钢管或重型包塑可弯曲金属导管。

(3)导管在二层底板及以上各层钢筋混凝土楼板和墙体内敷设时,可采用壁厚不小于1.5 mm的热镀锌钢导管或可弯曲金属导管。

(4)在多层建筑砖墙或混凝土墙内竖向暗敷导管时,导管外径不应大于50 mm。

(5)由楼层水平金属槽盒引入每个用户单元信息配线箱或过路箱的导管,宜采用外径20～25 mm钢导管。

(6)楼层弱电间(电信间)或弱电竖井内钢筋混凝土楼板上,应按竖向导管的根数及规格预留楼板孔洞或预埋外径不小于89 mm的竖向金属套管群。

(7)金属管敷设在钢筋混凝土现浇楼板内时,导管的最大外径不宜大于楼板厚度的1/3;导管在墙体、楼板内敷设时,其保护层厚度不应小于30 mm。

(8)导管不应穿越机电设备基础。

(9)预埋在墙体中间暗管的最大管外径不宜超过50 mm,楼板中暗管的最大管外径不宜超过25 mm,室外管道进入建筑物的最大管外径不宜超过100 mm。

(10)直线布管每30 m处、有一个转弯的管段长度超过20 m时、有两个转弯长度不超过15 m时、路由中反向(U形)弯曲的位置应设置过线盒。

(11)暗管的转弯角度应大于90°,在布线路由上每根暗管的转弯角不得多于两个,并不应有S弯出现。

(12)暗管管口应光滑,并应加有护口保护,管口伸出部位宜为25～50 mm。

(13)至楼层电信间暗管的管口应排列有序,应便于识别与布放缆线。

(14)暗管内应安置牵引线或拉线。

(15)管路转弯的曲率半径不应小于所穿入缆线的最小允许弯曲半径,并且不应小于该管外径的6倍;当暗管外径大于50 mm时,不应小于10倍。

4. 桥架

(1)桥架底部应高于地面并不应小于2.2 m,顶部距建筑物楼板不宜小于300 mm,与梁及其他障碍物交叉处间的距离不宜小于50 mm。

(2)梯架、托盘水平敷设时,支撑间距宜为 1.5~3.0 m。垂直敷设时固定在建筑物构体上的间距宜小于 2 m,距地 1.8 m 以下部分应加金属盖板保护,或采用金属走线柜包封,但门应可开启。

(3)直线段梯架、托盘每超过 15~30 m 或跨越建筑物变形缝时,应设置伸缩补偿装置。

(4)金属槽盒明装敷设时,在槽盒接头处、每间距 3 m 处、离开槽盒两端出口 0.5 m 处和转弯处均应设置支架或吊架。

(5)塑料槽盒槽底固定点间距宜为 1 m。

(6)缆线桥架转弯半径不应小于槽内缆线的最小允许弯曲半径,直角弯处最小弯曲半径不应小于槽内最粗缆线外径 10 倍。

(7)桥架穿过防火墙体或楼板时,缆线布放完成后应采取防火封堵措施。

5. 网络地板下敷设

(1)槽盒之间应连通且槽盒盖板应可以开启。

(2)主槽盒的宽度宜为 200~400 mm,支槽盒宽度不宜小于 70 mm。

(3)可开启的槽盒盖板与明装插座底盒间应采用金属软管连接。

(4)地板块与槽盒盖板应抗压、抗冲击和阻燃。

(5)具有防静电功能的网络地板应整体接地。

(6)网络地板板块间的金属槽盒段与段之间应保持良好电气导通并接地。

(7)在架空活动地板下敷设缆线时,地板内净空应为 150~300 mm。

(8)当空调采用下送风方式时,地板内净高应为 300~500 mm。

6. 干线子系统布线通道敷设要求

(1)缆线不得布放在电梯或供水、供气、供暖管道竖井中,亦不宜布放在强电竖井中。当与强电共用竖井布放时,缆线的布放应符合强弱电电缆间距要求。

(2)电信间、设备间、进线间之间干线通道应连通。

三、隐蔽工程随工检验与验收

1. 隐蔽工程

隐蔽工程是指建筑物、构筑物、在施工期间将建筑材料或构配件埋于物体之中后被覆盖外表看不见的实物,如房屋基础、钢筋、水电构配件、设备基础等分部分项工程。

在综合布线系统工程中,隐蔽工程一般指安全生产、文明施工、敷设布线管道、回填管道土方、人(手)孔掩埋部分、布线路由、敷设电缆或光缆、电缆或光缆成端、光缆接续、电缆电气特性测试、安装桥架或槽盒、安装机架、安装接地装置、接地电阻测试、综合布线智能化管理系统等。

(隐蔽)工程质量检测方法有目测法、量测法以及试验法。目测法是指及凭借感官进行检查。量测法是指利用量测工具或计量仪表,通过实际量测结果与规定的质量标准或规范要求相对照,从而判断质量是含符合要求。试验法是通过现场或试验室试验等理化试验手段,取得数据,分析判断质量情况等。

(隐蔽)工程质量控制方法主要有旁站监理、现场巡视以及平行检验。旁站监理是指监理人员在工程施工阶段监理中,对关键部位、关键工序的施工质量实施全过程现场跟班的监督活动。现场巡视是指监理人员对正在施工的部位或工序现场进行的定期或不定期的监督活动,它不限于某一部位或过程。平行检验强调的是项目监理机构利用一定的检查或检测手段,按照一定的比例,对某些工程部位、试验、材料等独立进行检查或检测,进行质量判断的能力。

2. 隐蔽工程随工检验

隐蔽工程随工检验时,一般由甲方代表、监理、施工方代表针对隐蔽工程施工内容,采取对应的国家标准(行业标准或设计指标)进行检测和验收,甲方代表、监理、施工方代表三方共同在隐蔽工程随工验收单上签署验收意见。隐蔽工程验收单一般包含工程名称、建设单位、施工单位、监理单位、施工图集号、检查项目或内容、验收结果、验收意见、三方单位代表签字及签章等内容。

若同意验收,施工方可进行后续工程施工;否则需根据验收意见整改,再经检测、验收、同意验收后方可进行后续工程施工。若施工方未经验收私自隐蔽施工,经检查隐蔽工程不符合要求的,施工方应当返工,重新进行隐蔽。

3. 隐蔽工程签证

隐蔽工程在隐蔽后,若发生质量问题,还得剥露后重新隐蔽,还可能会造成安全隐患、质量事故以及返工等。为避免资源的浪费和当事人双方的损失,保证工程保质保量顺利完成,施工方在隐蔽工程隐蔽以前,应以正式文件通知建设方(或监理)检查,建设方联合监理(必要时可要求设计方参与)检查合格的,方可进行隐蔽工程。

隐蔽工程验收签证单主要包括工程名称、建设单位、施工单位、监理单位、施工图集号、时间、地点、工程部分、验收内容、质量鉴定、验收意见、验收小组签字等内容,若需要还可拍照或录像保存原始资料。若隐蔽工程发生变更则需附图、标明尺寸、注上原始数据,明确结算方式、结算单价等内容,同时还应及时拍照或录像,以保存原始资料备查。

隐蔽工程签证单要求一式数份,其中建设单位、施工单位、监理单位必存一份,相互对照;办理签证要及时,在施工中随发生随进行签证,应当做到一次一签证,一事一签证,及时处理。

任务十三　制作 500 mm × 500 mm 方形线槽

 任务目标

工作任务	利用 39 mm × 19 mm PVC 线槽制作 500 mm × 500 mm 方形,如图 2-13-1 所示
任务要求	(1)要求分四段完成方形线槽制作; (2)线槽底盒必须沿中线固定,固定点不少于两个; (3)工艺要求两线槽拼接处缝隙不超过 1 mm

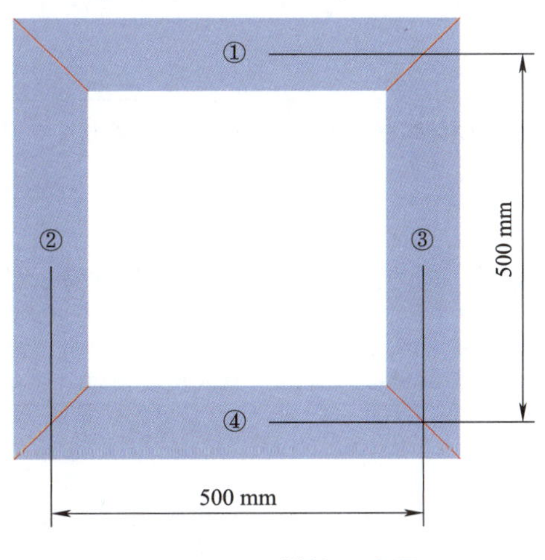

图 2-13-1　拼接示意图

任务准备

PVC 线槽成型与连接
（尾端处理）

请自行查阅资料，完成以下工作。

引导问题 1：请描述常见槽盒类型与槽盒尺寸。

类型：

____

____

尺寸：

____

____

引导问题 2：槽盒在明敷时，固定槽盒的间隔长度。

____

引导问题 3：PVC 槽盒明敷时，与之配套 86 底盒的型号或样式。

____

____

引导问题 4：请写出表 2-13-1 中线槽或桥架的类型、材质、尺寸。

表 2-13-1　释义图纸标记

序号	图纸中的标记	释义（类型、材质、尺寸）
1	MR 150 * 300	
2	CT 200 * 400	
3	CM 100 - 300	

引导问题 5：请完成桥架安装相关标准。

桥架底部应高于地面且不应小于________，顶部距建筑物楼板不宜小于________，与梁及其他障碍物交叉处间的距离不宜小于________；梯架、托盘水平敷设时，支撑间距宜为________，垂直敷设时固定在建筑物构体上的间距宜小于________。

引导问题 6：在分段制作线槽时，分段的线槽长度是多少？

____

____

引导问题 7：对线槽进行 45°拼接角制作时，你准备如何实现？

____

____

引导问题 8：请有序组织施工。请为小组成员合理分配任务，填写施工作业人员安排表（见表 2-13-2）。

表 2-13-2　施工作业人员安排表

施工作业人员	分配作业内容

续表

施工作业人员	分配作业内容

引导问题9：器材准备。填写任务所需要的器材选用表（见表2-13-3）。

表2-13-3　器材选用表

序　号	器材名称	器材型号	数　量	单　位

引导问题10：工机具准备。填写任务所需要的工机具选用表（见表2-13-4）。

表2-13-4　工机具选用表

序　号	工机具名称	功　能

任务实施

技能训练1：请遵循表2-13-5的作业步骤完成工作任务。

表2-13-5　作业步骤

作业步骤	作业内容及标准	完成任务
作业前准备	①根据表2-12-2，各自做好准备工作； ②做好作业前准备工作：穿好实训服、佩戴好劳保用品、领取器材和工机具等	①填写表2-12-2，合理分配工作任务； ②填写表2-12-3器材选用表； ③填写表2-12-4工机具选用表； ④领用作业器材； ⑤领用作业工机具

续表

作业步骤	作业内容及标准	完成任务
制作梯形分段	①从3 m长的PVC线槽上截取四根54 cm长度的； ②在每段线槽底盒两端的拼接处制作45°拼接角度。 **注意：**初次制作时，为保精度可少量多次修剪	
拼接上墙	沿着线槽的中心处，将线槽底盒固定到实训墙上，每根至少固定两个点，要求：线槽底盒安装竖直和水平、拼接处缝隙不大于1 mm	
合上盖板	制作四片两端带45°拼接角度的盖板，盖上盖板，要求：盖板间缝隙不大于1 mm。 **注意：**初次制作时，为保精度可少量多次修剪	
任务结束	现场清理： ①整理工机具； ②作业现场的整理与清扫，PVC塑料放入可回收垃圾桶	①整理工机具； ②完成作业现场的整理与清扫； ③填写作业（施工）日志

技能训练2：作业（施工）日志填写。根据施工进程，填写作业（施工）日志（表2-13-6）。

表2-13-6　作业（施工）日志

任务名称					
作业日期	____年____月____日星期____		作业地点 （或工位号）		
作业人员					

作业前准备工作：
注：从着装开始，梳理作业的准备工作，完成相应的引导问题并确认以下四项内容，确认后打√

□着装检查符合要求	□器材领用与检查	□设备领用与检查	□工机具领用与检查

其他准备工作：

安全风险控制：

作业中存在的问题及解决方法：

任务完成进度和质量：

考核与评价

请作业人员、小组成员和教师依据表2-13-7完成本次任务考核。

表2-13-7 考核赋分表

评价项目	评价内容	分值	评价分数		
			自评	互评	师评
职业素养 40%	穿戴规范、整洁： ①衣着得体大方、整洁；(2) ②穿戴符合安全生产要求(3)	5			
	安全意识、责任意识： ①工机具摆放合理，符合安全生产要求；(2) ②作业过程中穿戴好防护用具(3)	5			
	积极参加教学活动，及时完成工作活页： ①课前完成准备阶段活页填写；(3) ②课中完成实施阶段活页填写；(4) ③内容填写规范，用语标准、描述准确(3)	10			
	团队合作能力： ①团队分工协作、分工合理；(3) ②协商解决问题，不蛮干、单干(2)	5			
	劳动纪律： ①现场施工秩序良好；(2) ②不跨工位操作；(1) ③不随意走动、聊天(2)	5			
	生产现场6S管理： ①现场工机具、器材、设备摆放合理、整齐；(2) ②保持施工现场的整洁；(2) ③施工有序、规范操作；(2) ④施工完毕后，工机具整理、现场清扫与整理；(2) ⑤将施工垃圾分类，并清扫(2)	10			
专业能力 60%	自行查找专业知识： 能通过教材、在线教学平台、互联网查找相关知识，并使用标准用语或标准符号填写活页(10)	10			
	作业(或施工)过程规范： ①工序正确；(2) ②工机具使用规范；(1) ③设备使用规范；(1) ④不踩踏器材、工机具(1)	5			
	操作熟练度和工作效率： ①能熟练计算长度，结果正确；(2) ②相关标准和工艺熟记；(2) ③施工进度符合要求(1)	5			

续表

评价项目	评价内容	分值	评价分数		
			自评	互评	师评
专业能力 60%	项目验收： ①项目完成度；(5) ②线槽底盒拼接处缝隙不大于 1 mm；(5) ③线槽底盒安装稳固、水平、垂直；(10) ④盖板拼接处缝隙不大于 1 mm；(10) ⑤每一直线处安装了至少有两个固定点；(5) ⑥现场整洁(5)	40			
总评	自评得分：________互评得分：________师评得分：________ 自评×20%+互评×20%+师评×60% ≥85 分优秀，≥75 分良好，≥65 分合格	综合得分			
		综合评价			

相关知识

一、认识线槽与桥架

1. 线槽

线槽又名走线槽、配线槽、行线槽(因地方而异)，用来将电源线、数据线等线材规范的整理，一般有塑料材质和金属材质两种。

(1)PVC 线槽

PVC 线槽，即聚氯乙烯线槽，分为底槽和盖板两部分，常明装敷设，如图 2-13-2 所示。

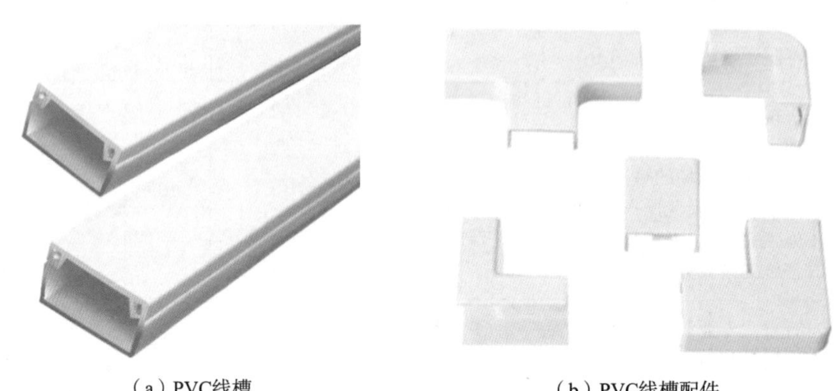

(a) PVC线槽　　(b) PVC线槽配件

图 2-13-2　PVC 线槽及配件

(2)金属线槽

金属线槽材质一般有不锈钢和铝合金两种，如图 2-13-3 所示。方形金属线槽的配件与 PVC 线槽的配件一致，金属线槽一般在图纸中标记为 MR，如 MR100×200，线缆在金属线槽中布放(或金属线槽尺寸)，金属线槽宽 100 mm，高 200 mm。

2. 桥架①

常见电缆桥架分为槽式、梯式、网格式等结构，由支架、托臂和安装附件等组成。材质有普通

① 有关桥架执行的标准，参见中华人民共和国机械行业标准 JB/T 10216—2013《电控配电用电缆桥架》。

钢材、不锈钢、铝合金、玻璃钢等，金属桥架表面一般会进行镀锌（冷镀锌、热镀锌、电镀锌工艺）处理。电缆桥架在接地处应设置明显的接地标志且标志书写应清晰不易损坏。

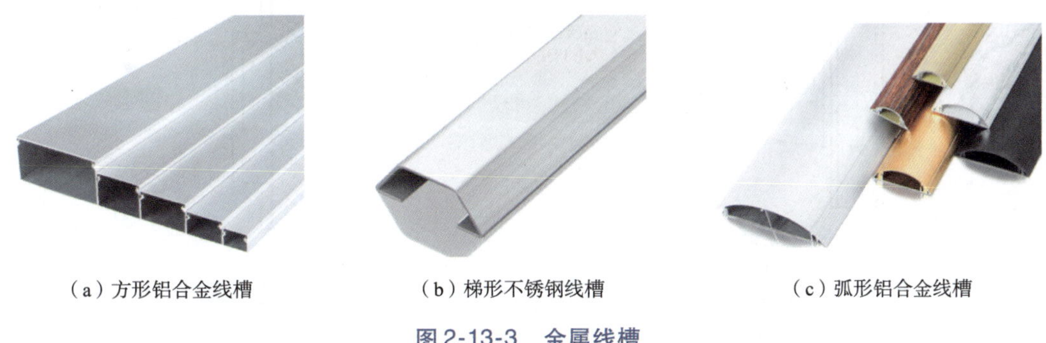

（a）方形铝合金线槽　（b）梯形不锈钢线槽　（c）弧形铝合金线槽

图 2-13-3　金属线槽

(1) 槽式桥架

槽式桥架常见有不锈钢材质和普通钢材镀锌（或喷漆），在图纸中一般标记为 CT，例如：CT100 × 200，线缆沿槽式桥架敷设（或槽式桥架尺寸），槽式桥架宽 100 mm，高度 200 mm。其安装方式和组合结构如图 2-13-4 所示。

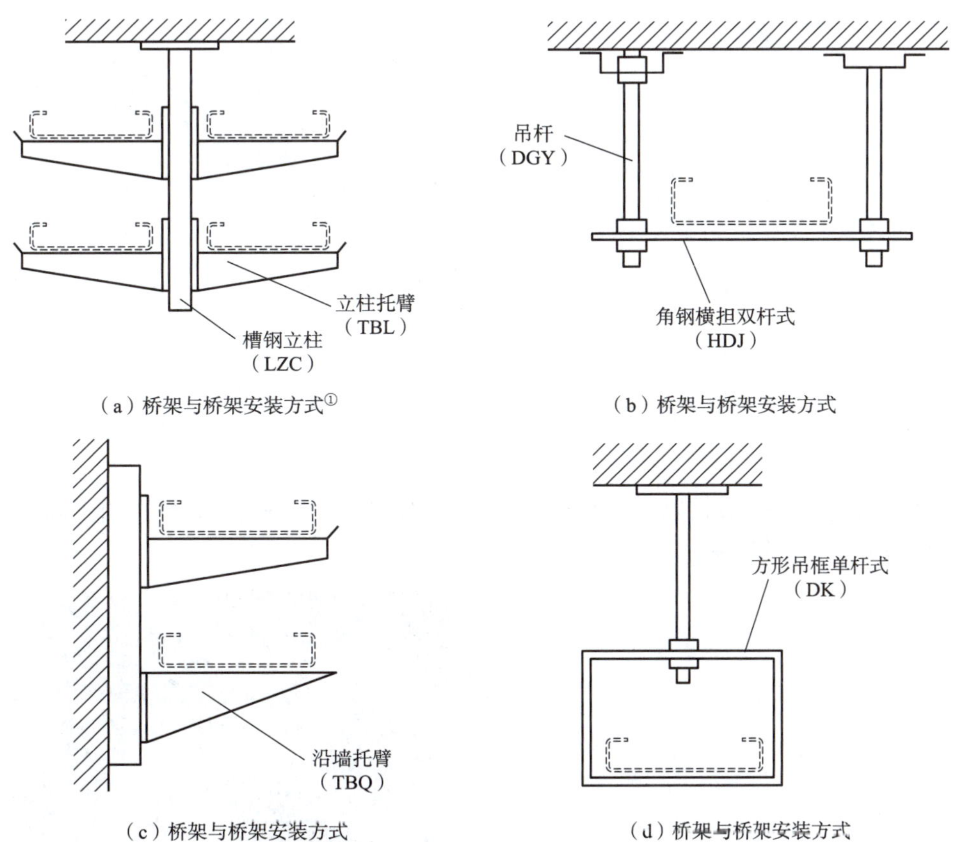

（a）桥架与桥架安装方式①　（b）桥架与桥架安装方式

（c）桥架与桥架安装方式　（d）桥架与桥架安装方式

图 2-13-4　桥架安装方式和组合结构

① 中华人民共和国机械行业标准 JB/T 10216—2013《电控配电用电缆桥架》。

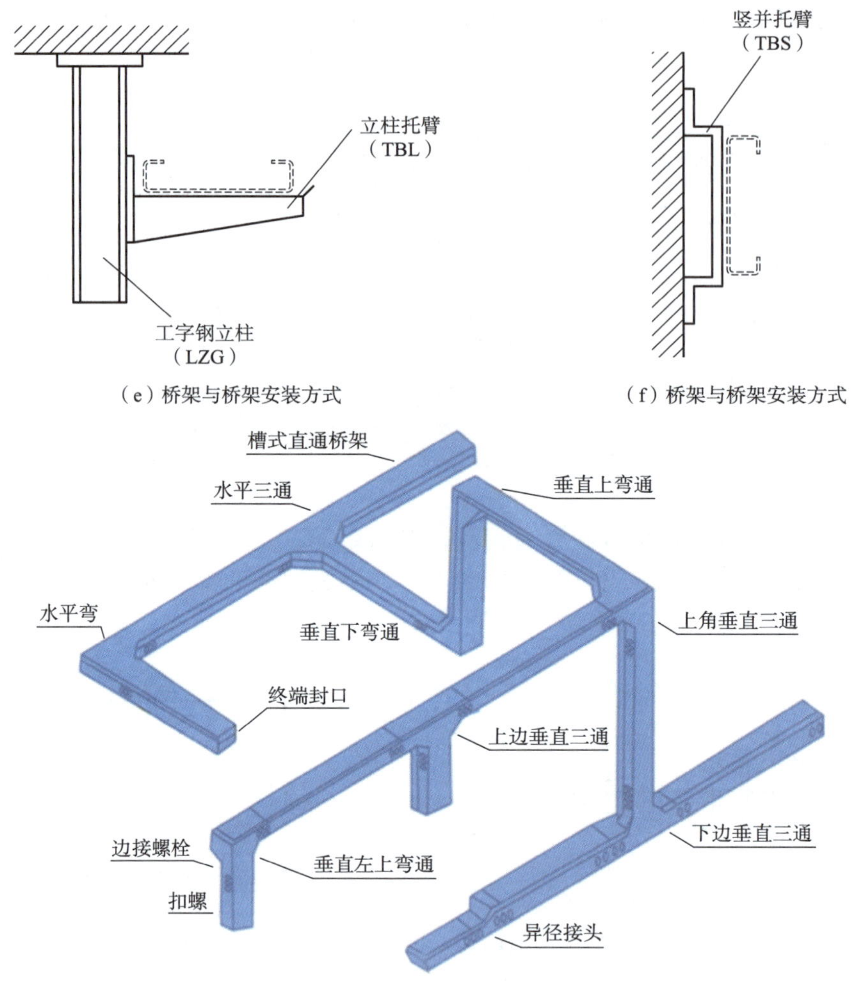

（e）桥架与桥架安装方式

（f）桥架与桥架安装方式

（g）桥架连接方式及配件

图 2-13-4　桥架安装方式和组合结构（续）

(2)梯式桥架

梯式桥架材质有不锈钢和铝合金两种类型，适合室内竖井内、设备间、管理间、中心机房等封闭场所布线，如图 2-13-5 所示。

（a）梯式桥架

（b）梯式桥架布线

图 2-13-5　梯式桥架及布线

(3)网格桥架

网格桥架有时也称卡博菲桥架，常见材质是不锈钢或是镀锌钢丝，单根长度 3 m，钢丝直径 4 mm 或 5 mm。常敷设在设备间或中心机房，如图 2-13-6 所示。网格桥架的安装方式有吊装、机柜顶部安装、侧墙安装、地装，常用 CM 表示(网格桥架规格命名：CM ＋高度＋“－”＋宽度)。例如：CM100-300，线缆沿网格桥架敷设，网格桥架高 100 mm，桥架宽 300 mm。

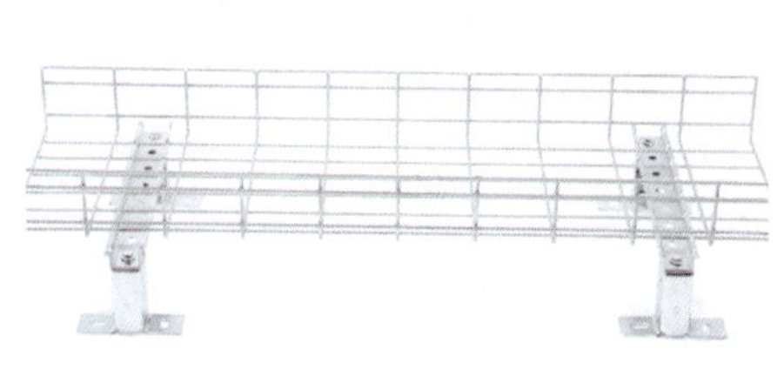
(a)网格桥架

(b)网格桥架布线

图 2-13-6　网格桥架及布线

3. 室内光纤槽道

光纤槽道就是专门为布放软光纤(或室内光纤)而准备的走线槽。常见材质为阻燃工程塑料，也有铝合金和钢材质。其宽度为 120 mm、200 mm、240 mm、300 mm、340 mm、400 mm，高度一般为 100 mm，一般是室内机房布线使用，常敷设在机柜顶部，如图 2-13-7 所示。

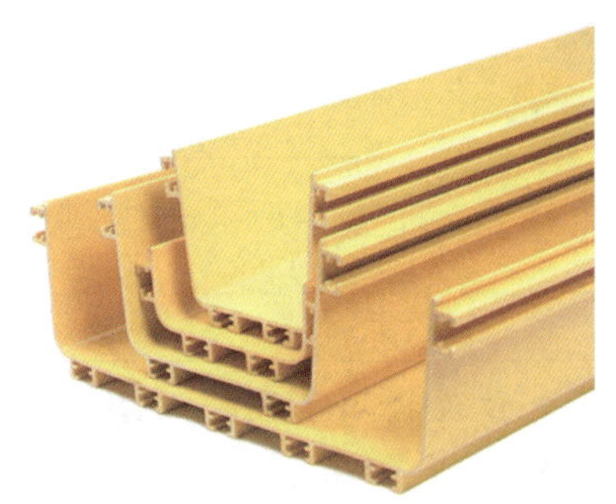
(a)室内光纤槽道

(b)中心机房室内光纤槽道布线

图 2-13-7　室内光纤槽道及布线

任务十四　安装机柜内接地端子排

任务目标

工作任务	(1)请在 37U 机柜(或机架)的背面 10U 处安装接地铜排； (2)制作一根 6 mm^2 铜导线将某屏蔽配线架(或 ODF 配线架)接地
任务要求	(1)接地汇流排安装位置正确； (2)接地汇流排安装稳固、横平竖直； (3)连接地线的端子采用冷接预绝缘端子，端子安装稳固、正确

任务准备

请自行查阅资料，完成以下工作。

引导问题1：采用独立接地方式和建筑物共用接地方式的接地电阻值？使用何种仪器测量？使用这种仪器的注意事项。

引导问题2：当布线系统的接地系统中存在两个不同的接地体时，其接地电位差不应大于1 Vr·m·s，请解释1 Vr·m·s的含义。

引导问题3：为何要采用两根不同长度的连接导体连接接地端子板？

引导问题4：请绘制等电位接地装置及接地的图示。

引导问题5：请描述绝缘铜导线的外观。

引导问题6：请描述长度不同绝缘铜导线在连接等电位连接端子板时，绝缘铜导线的截面粗细。

引导问题7：本任务采用截面为6 mm^2的绝缘铜导线，请标注表2-14-1中预绝缘端子适用的绝缘铜线和固定螺钉尺寸，并在其中选用本任务合适的端子。

表2-14-1　选用合适的圆形端子

	RV5.5-6	RV2-6	RV1.25-6
适用绝缘铜线截面			
固定螺钉尺寸			

引导问题8：请有序组织施工。请为小组成员合理分配任务，填写施工作业人员安排表（见表2-14-2）。

表 2-14-2　施工作业人员安排表

施工作业人员	分配作业内容

引导问题 9:器材准备。填写任务所需要的器材选用表(见表 2-14-3)。

表 2-14-3　器材选用表

序　号	器材名称	器材型号	数　量	单　位

引导问题 10:工机具准备。填写任务所需要的工机具选用表(见表 2-14-4)。

表 2-14-4　工机具选用表

序　号	工机具名称	功　　能

技能训练

技能训练 1:请遵循表 2-14-5 的作业步骤完成工作任务。

表 2-14-5　作业步骤

作业步骤	作业内容及标准	完成任务
作业前准备	①根据表 2-14-2,各自做好准备工作; ②做好作业前准备工作:穿好实训服、佩戴好劳保用品、领取器材和工机具等	①填写表 2-14-2,合理分配工作任务; ②填写表 2-14-3 器材选用表; ③填写表 2-14-4 工机具选用表; ④领用作业器材; ⑤领用作业工机具

续表

作业步骤	作业内容及标准	完成任务
安装接地铜线	安装接地汇流排，要求：接地汇流排采用横向安装，安装位置正确，安装水平、稳固不松动	
连接等电位接地	布放两根不同长度的 6 mm^2 接地铜缆至等电位接地并制作冷接端子，使用螺钉固定冷接端子，要求：冷接端子制作良好，露出铜芯长度不大于 1 mm；端子固定整齐、防松措施良好	
连接配线架接地	从配线架布放 1 根 6 mm^2 接地铜缆至接地汇流排并制作冷接端子，使用螺钉固定冷接端子，要求：冷接端子制作良好，露出铜芯长度不大于 1 mm；端子固定整齐、防松措施良好	
接地绝缘线缆整理	整理接地绝缘铜缆，绑扎良好	
任务结束	现场清理： ①整理工机具； ②作业现场的整理与清扫，废弃的接地电缆放入可回收垃圾桶	①整理工机具； ②完成作业现场的整理与清扫； ③填写作业（施工）日志

技能训练 2：作业（施工）日志填写。根据施工进程，填写作业（施工）日志（见表 2-14-6）。

表 2-14-6　作业（施工）日志

任务名称					
作业日期	____年____月____日星期____		作业地点 （或工位号）		
作业人员					

作业前准备工作：

注：从着装开始，梳理作业的准备工作，完成相应的引导问题并确认以下四项内容，确认后打√

□着装检查符合要求	□器材领用与检查	□设备领用与检查	□工机具领用与检查

其他准备工作：

____

____

安全风险控制：

____

____

____

作业中存在的问题及解决方法：

____

____

____

任务完成进度和质量：

____

____

____

考核与评价

请作业人员、小组成员和教师依据表 2-14-7 完成本次任务考核。

表 2-14-7　考核赋分表

评价项目	评价内容	分值	评价分数		
			自评	互评	师评
职业素养 40%	穿戴规范、整洁： ①衣着得体大方、整洁；(2) ②穿戴符合安全生产要求(3)	5			
	安全意识、责任意识： ①工机具摆放合理，符合安全生产要求；(2) ②作业过程中穿戴好防护用具(3)	5			
	积极参加教学活动，及时完成工作活页： ①课前完成准备阶段活页填写；(3) ②课中完成实施阶段活页填写；(4) ③内容填写规范，用语标准、描述准确(3)	10			
	团队合作能力： ①团队分工协作、分工合理；(3) ②协商解决问题，不蛮干、单干(2)	5			
	劳动纪律： ①现场施工秩序良好；(2) ②不跨工位操作；(1) ③不随意走动、聊天(2)	5			
	生产现场 6S 管理： ①现场工机具、器材、设备摆放合理、整齐；(2) ②保持施工现场的整洁；(2) ③施工有序、规范操作；(2) ④施工完毕后，工机具整理、现场清扫与整理；(2) ⑤将施工垃圾分类，并清扫(2)	10			
专业能力 60%	自行查找专业知识： 能通过教材、在线教学平台、互联网查找相关知识，并使用标准用语或标准符号填写活页(10)	10			
	作业(或施工)过程规范： ①工序正确；(2) ②工机具使用规范；(1) ③设备使用规范；(1) ④不踩踏器材、工机具(1)	5			
	操作熟练度和工作效率： ①能熟练使用压线钳压接 O 型端子；(2) ②相关标准和工艺熟记；(2) ③施工进度符合要求(1)	5			

续表

评价项目	评价内容	分值	评价分数		
			自评	互评	师评
专业能力 60%	项目验收： ①项目完成度；(5) ②圆形端子压接时绝缘电缆铜芯突出少于 1 mm；(5) ③接地端子排安装稳固、水平，位置正确；(5) ④O 形端子在接地端子排固定良好，不歪斜；(5) ⑤配线设备接地线数量符合规定；(10) ⑥绝缘电缆整理规范；(5) ⑦现场整洁(5)	40			
总评	自评得分：________互评得分：________师评得分：________ 自评 ×20% + 互评 ×20% + 师评 ×60% ≥85 分优秀，≥75 分良好，≥65 分合格	综合得分			
		综合评价			

相关知识

一、综合布线系统接地

(1)综合布线系统应远离高温和电磁干扰的场地，根据环境条件选用相应的缆线和配线设备或采取防护措施，并应符合下列规定：

①“缆线选型”请参照模块二任务一的知识链接 02。

②当局部地段与电力线或其他管线接近，或接近电动机、电力变压器等干扰源，且不能满足最小净距要求时，可采用金属导管或金属槽盒等局部措施加以屏蔽处理。

(2)在建筑物电信间、设备间、进线间及各楼层信息通信竖井内均应设置局部等电位联结端子板。

(3)综合布线系统应采用建筑物共用接地的接地系统。当必须单独设置系统接地体时，其接地电阻不应大于 4 Ω。当布线系统的接地系统中存在两个不同的接地体时，其接地电位差不应大于 1 Vr · m · s。

(4)配线柜接地端子板应采用两根不等长度，且截面不小于 6 mm^2 的绝缘铜导线接至就近的等电位联结端子板。

(5)屏蔽布线系统的屏蔽层应保持可靠连接、全程屏蔽，在屏蔽配线设备安装的位置应就近与等电位联结端子板可靠连接。

(6)综合布线的电缆采用金属导管、金属槽盒敷设时，导管和槽盒应保持连续的电气连接，并应有不少于两点的良好接地。

(7)当缆线从建筑物外引入建筑物时，电缆、光缆的金属护套或金属构件应在入口处就近与等电位联结端子板连接。

(8)当电缆从建筑物外面进入建筑物时，应选用适配的信号线路浪涌保护器。

屏蔽综合布线接地示意图如图 2-14-1 所示。

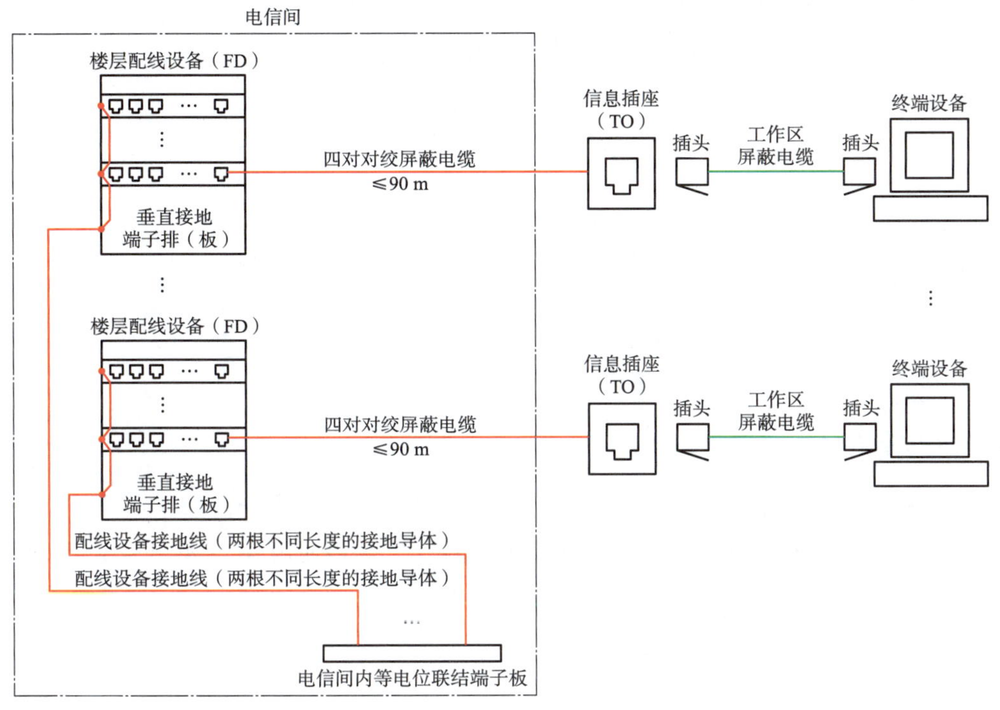

图 2-14-1　屏蔽综合布线接地示意图

二、接地汇流排

接地常指电力系统和电气装置的中性点、电气设备的外露导电部分和装置外导电部分经由导体与大地相连，一般分为工作接地、防雷接地和保护接地。

弱电系统接地常利用建筑物的联合接地体或独立接地体，用作屏蔽接地或是防静电接地，从而保护屏蔽接地体内的设备免受外界电磁场的干扰影响或是防止静电危害。

接地汇流排根据连接位置一般称为“接地端子排”或是“联结端子板”。在机柜（或机架）中安装时，一般安装在机柜（或机架）背面的横向固定点或侧面纵向固定点。等电位联结端子箱如图 2-14-2所示。机柜接地汇流排如图 2-14-3 所示。

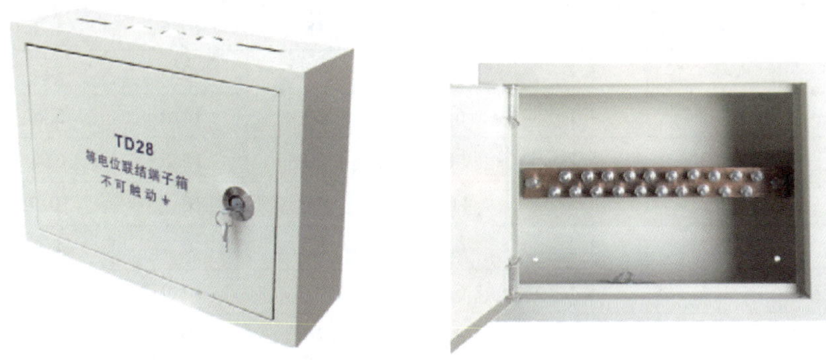

图 2-14-2　等电位联结端子箱

建筑物联合接地体的接地电阻不大于 1 Ω,建筑物中的总等电位端子箱标注为 MEB,局部等电位端子箱标注为 LEB,相关的设计及要求常见于电气施工图。

图 2-14-3　机柜接地汇流排

三、圆形预绝缘冷接端子

1. 圆形预绝缘冷接端子

(1)圆形预绝缘冷接端子也称"O 形预绝缘冷接端子",一般使用 RV + 型号表示,常用于绝缘缆线需要使用螺钉固定的场景,如图 2-14-4 所示。

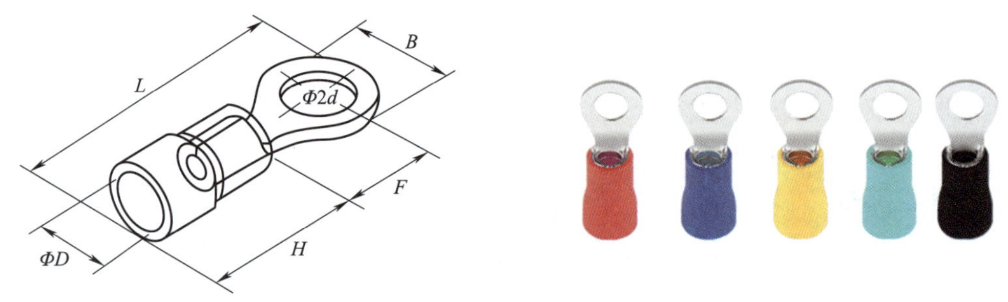

(a)圆形预绝缘端子参数　　(b)圆形预绝缘端子实物

图 2-14-4　圆形预绝缘端子

(2)圆形预绝缘冷接端子的常见型号①见表 2-14-8。

表 2-14-8　圆形预绝缘端子型号表

型　　号	ΦD/mm	Φ2d/mm	B/mm	L/mm	H/mm	F/mm	截面/mm²
RV1. 25-3. 2	4. 0	3. 2	5. 7	18	10. 5	4. 3	0. 5 – 1. 5
RV1. 25-3. 5S	4. 1	3. 7	5. 7	18	10. 5	4	0. 5 – 1. 5
RV1. 25-4S	4. 1	4. 1	6. 7	20	10. 5	5. 6	0. 5 – 1. 5
RV1. 25-5S	4. 2	5. 2	8	20	10. 5	6. 4	0. 5 – 1. 5
RV1. 25-6	4. 2	6. 5	11. 6	27	10. 5	10. 7	0. 5 – 1. 5
RV2-3. 2	4. 7	3. 2	6. 6	18. 8	10. 7	4. 8	1. 5 – 2. 5
RV2-4S	4. 4	4. 1	6. 6	20. 3	10. 9	6. 2	1. 5 – 2. 5
RV2-5L	4. 5	5. 2	9. 5	22. 7	10. 6	7. 3	1. 5 – 2. 5

① 不同厂家生产的预绝缘端子尺寸大小略有不同。

续表

型　　号	ΦD/mm	$\Phi 2d$/mm	B/mm	L/mm	H/mm	F/mm	截面/mm^2
RV2-5S	4.6	5.2	7.8	21.5	10.1	5.7	1.5－2.5
RV2-6	4.7	6.5	12	27.4	10.9	10.3	1.5－2.5
RV2-8	4.8	8.4	12	27.4	10.8	10	1.5－2.5
RV2-10	4.7	10.5	13.5	31	10.5	20	1.5－2.5
RV3.5-4	6	4.3	7.9	23.9	13.3	6.8	2.5－4
RV5.5-4S	6.2	4.2	7.2	23	13.5	5.5	4－6
RV5.5-5	6	5.15	9	25.8	13.56	7.73	4－6
RV5.5-6	6.3	6.5	11.65	27.76	13.62	8.1	4－6
RV5.5-10	6.36	10.5	15.0	34.1	13.89	12.5	4－6

2. 预绝缘冷接端子压接

(1)剥除合适长度的绝缘导线外皮；

(2)套入绝缘端子；

(3)选择预绝缘端子冷压钳(见图2-14-5)合适的压接口压接；

(4)压接后观察圆形预绝缘冷接端子：无铜丝/铜芯裸露、突出部分少于1 mm。

图2-14-5　预绝缘端子冷压钳

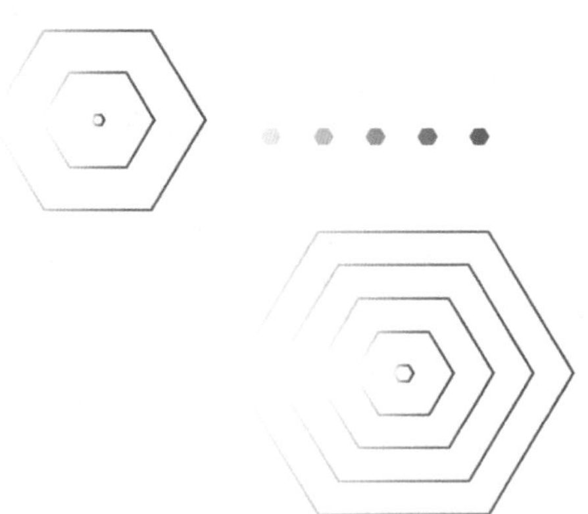

模块三

综合布线系统工程典型链路[①]施工

在《综合布线系统工程设计规范》GB 50311—2016 中规定，综合布线各子系统链路由电缆信道及光纤信道构成。通过对本模块的学习，学生应能统筹、规划、实施综合布线系统工程中的通信链路施工，并达成以下学习目标：

学习目标

【素质目标】

(1)具备安全用电的意识；

(2)具备规范、安全使用工机具的意识和能力；

(3)具备登高安全作业的意识；

(4)具备团队合作的意识；

(5)具备环保意识。

【知识目标】

(1)熟悉不同类型家庭网络的链路及设备选型；

(2)熟悉典型铜缆数据(电话)链路的构成；

(3)熟悉典型光电混合链路的构成；

(4)熟悉数字摄像机信号传输链路的构成；

(5)熟记各子系统施工规范和工艺要求；

(6)熟悉 6S 管理的要求。

【能力目标】

(1)能准确识读各类综合布线系统工程的图纸；

(2)能统筹规划综合布线系统工程项目施工进度[②]；

(3)能独立完成不同类型家庭网络的规划、设计、施工；

(4)能对楼宇内各子系统进行施工；

(5)能熟练使用网络测试仪、寻线仪、工程宝、光纤测试笔、光时域反射仪(OTDR)等；

(6)能对综合布线系统链路故障进行处置；

(7)会对综合布线系统工程施工中产生的余料、废料进行垃圾分类。

---

① 因 FTTR 及全光网络的普及率不高，本书仅在模块二中介绍了微管、微缆、FTTR 的知识。

② 初步具备该能力。

任务一　组建家庭网络

任务目标

工作任务	按照典型家庭的网络连接方式，如图 3-1-1 所示，分组完成家庭网络典型链路的组建。 注：家居配线箱（HD）可使用壁挂机柜模拟
任务要求	（1）HD 布放 Cat. 6 U/UTP 双绞线到各个房间的信息点的数量准确； （2）采用暗敷 Φ20 mm PVC 线管作为线缆布放通道，必须手工制弯； （3）设备连接跳线均需手工制作； （4）为用户提供的线缆、配件、设备选型恰当合理

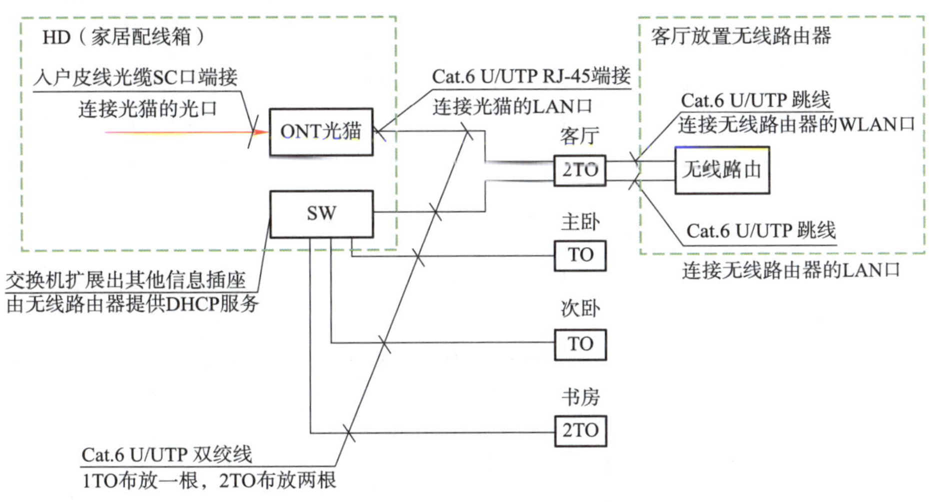

图 3-1-1　典型家庭网络连接图

小提示：依据国家建筑标准设计图集《综合布线系统工程设计与施工》（20X101-3）的施工建议，建筑物内光纤到户通信设施布线路由，住户内由 HD（家居配线箱）引出通信线缆到 TO 信息插座的布线方式有吊顶内穿管敷设、墙内穿管敷设、地下穿管敷设等，如图 3-1-2 ~ 图 3-1-4 所示。

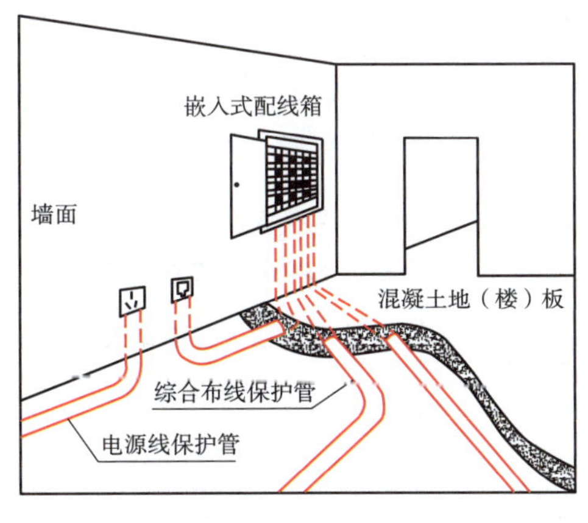

图 3-1-2　楼板暗敷

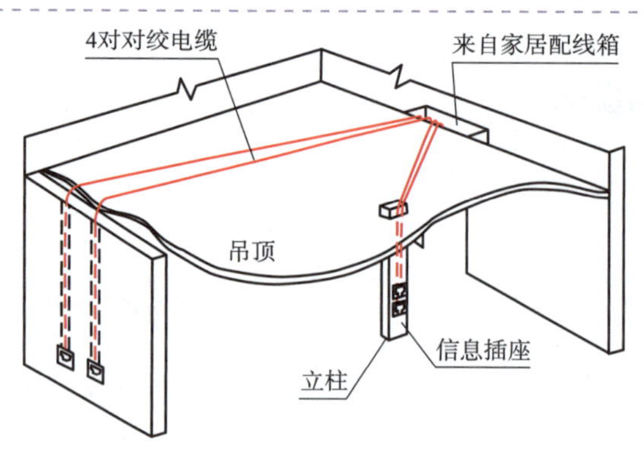

图 3-1-3　吊顶内敷设

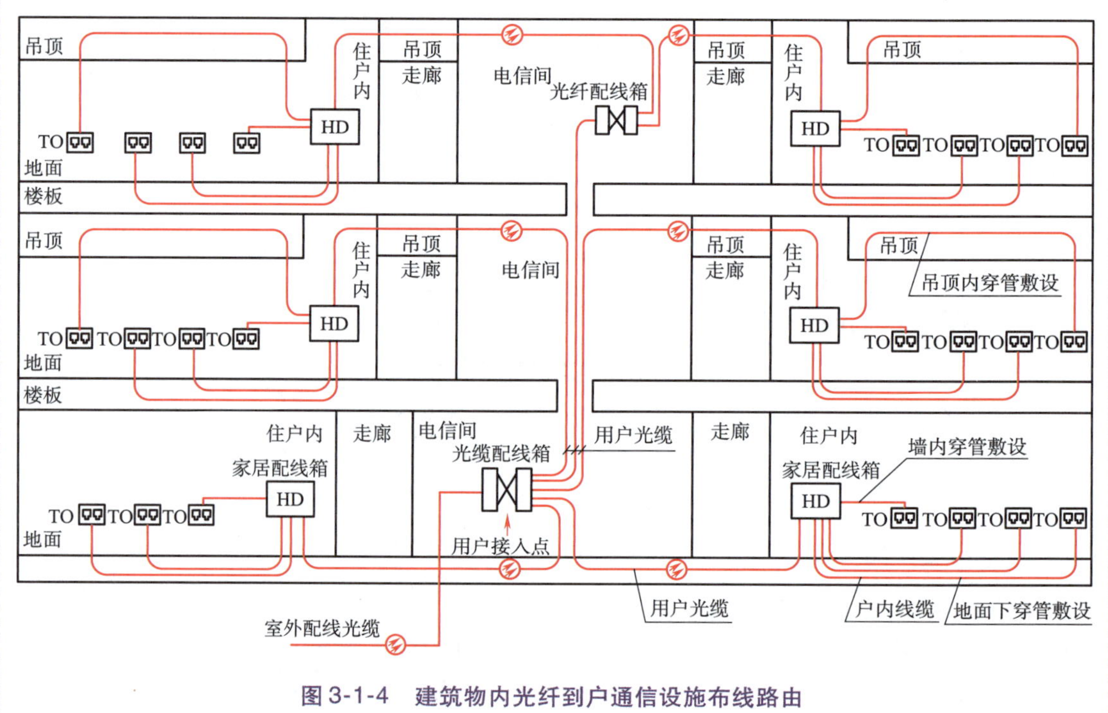

图 3-1-4　建筑物内光纤到户通信设施布线路由

任务准备

请自行查阅资料或观看视频，完成以下工作准备。

引导问题 1：请有序组织施工。为小组成员合理分配任务，填写施工作业人员安排表（见表 3-1-1）。

表 3-1-1　施工作业人员安排表

施工作业人员	分配作业内容

续表

施工作业人员	分配作业内容

引导问题 2：器材准备。填写器材（含终端设备）选用表（见表 3-1-2），在电商平台查询价格并汇总。

表 3-1-2　器材选用表

序号	器材名称	器材型号	数量	单位	单价	小　计
1	ONT 光猫	由 ISP 提供	1	台		
					总计（元）：	

引导问题 3：工机具准备。填写任务所需的工机具选用表（见表 3-1-3）。

表 3-1-3　工机具选用表

序　号	工机具名称	功　　能

续表

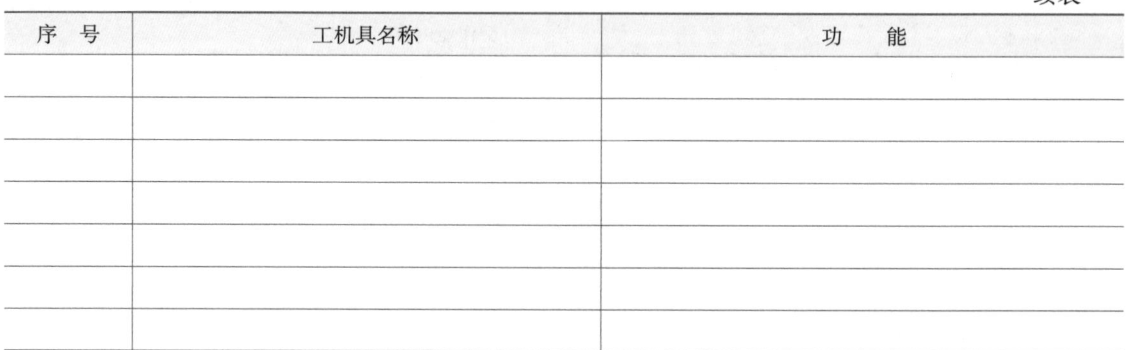

序　号	工机具名称	功　　能

小提示：针对 Φ20 mm PVC 线管敷设、管道内布放双绞线、RJ-45 跳线制作、信息模块打接、面板安装、连接件安装等进行工机具选用。

技能训练

技能训练 1：请遵循表 3-1-4 的作业步骤完成工作任务。

表 3-1-4　作业步骤

作业步骤	作业内容及标准	完成任务
作业前准备	①根据表 3-1-1，各自做好准备工作； ②做好作业前准备工作：穿好实训服、佩戴好劳保用品、领取器材和工机具等	①填写表 3-1-1，合理分配工作任务； ②填写表 3-1-2 器材选用表； ③填写表 3-1-3 工机具选用表； ④根据器材选用表领用作业器材； ⑤根据工机具选用表领用作业工机具
信息插座底盘安装	依据业主（教师）要求的信息插座位置安装暗装底盒，底盒安装要求： ①底盒安装水平、方正，固定良好、不晃动； ②底盒距地面不少于 300 mm	安装四个暗装底盒
布线通道敷设	①规划信息插座到 HD 信息箱之间的布线路由； ②安装 Φ20 mm 管卡，要求垂直方向及水平方向不少于两个，每隔 1.5 m 最少安装一个； ③与底盒连接时，必须使用杯梳	安装四条布线通道
线缆标记与敷设	①按照底盒的标记，对其中的电缆进行标记； ②敷设方向一般是从 HD 至底盒，穿线器（或铁丝）即是从底盒穿到 HD； ③线缆布放时，“一人送，一人拉”，切不可生拉硬拽； ④信息插座中，线缆预留 30 ~ 60 mm，HD 信息箱中预留 0.5 ~ 2.0 m	敷设六根 Cat. 6 U/UTP 双绞线
配线端接	按照 EIA/TIA 568B 标准完成： ①四块信息面板的配线与安装，存留的线缆长度必须满足 2 ~ 3 次的重新配线需求；信息面板安装必须水平、方正； ②六个 RJ-45 水晶头的端接	①完成六根 Cat. 6 U/UTP 双绞线对应等级的信息模块配线，并安装四块信息面板（两个单口面板、两个双口面板）； ②HD 内六根 Cat. 6 U/UTP 双绞线的端接
连接跳线制作	根据实际使用长度，按照 EIA/TIA 568B 标准制作六根 Cat. 6 U/UTP 双绞线跳线。跳线最长不超过 5 m	制作六根 Cat. 6 U/UTP 双绞线跳线
线缆测试	使用测线仪对线缆进行测通测试	完成六条链路的测试

续表

作业步骤	作业内容及标准	完成任务
设备安装	按照图 3-1-1 连接设备	安装无线路由器、交换机
设备测试	给设备通电,并使用默认用户名和密码登录无线路由器进行如下设置: ①使用 ISP 提供的网络账号、密码连接 Internet; ②设置路由器的 DHCP 服务; ③设置 Wi-Fi 名称及密码; ④修改无线路由器的登录密码(信息安全); ⑤重启路由器; ⑥测试无线/有线网络连接	有线/无线接入测试
任务结束	现场清理: ①整理工机具; ②作业现场的整理与清扫,注意含铜的线头的回收(放入可回收垃圾桶)	①整理工机具; ②完成作业现场的整理与清扫; ③填写作业(施工)日志

技能训练 2:作业(施工)日志填写。根据作业准备、施工进度等,填写作业(施工)日志(见表 3-1-5)。

表 3-1-5 作业(施工)日志

任务名称					
作业日期	____年____月____日星期____		作业地点 (或工位号)		
作业人员					

作业前准备工作:
注:从着装开始,梳理作业的准备工作,完成相应的引导问题并确认以下四项内容,确认后打√

□着装检查符合要求	□器材领用与检查	□设备领用与检查	□工机具领用与检查

其他准备工作:

____

____

安全风险控制:

____

____

____

作业中存在的问题及解决方法:

____

____

____

任务完成进度和质量:

____

____

____

考核与评价

请作业人员、小组成员和教师依据表3-1-6完成本次任务考核。

表3-1-6　考核赋分表

评价项目	评价内容	分值	评价分数		
			自评	互评	师评
职业素养 40%	穿戴规范、整洁： ①衣着得体大方、整洁；(2) ②穿戴符合安全生产要求(3)	5			
	安全意识、责任意识： ①工机具摆放合理，符合安全生产要求；(2) ②作业过程中带好防护用具；(2) ③设备使用符合规范(1)	5			
	积极参加教学活动，及时完成工作活页： ①课前完成准备阶段活页填写；(3) ②课中完成实施阶段活页填写；(4) ③内容填写规范，用语标准、描述准确(3)	10			
	团队合作能力： ①团队分工协作、分工合理；(3) ②协商解决问题，不蛮干、单干(2)	5			
	劳动纪律： ①现场施工秩序良好；(2) ②不跨工位操作；(1) ③不随意走动、聊天(2)	5			
	生产现场6S管理： ①现场工机具、器材、设备摆放合理、整齐；(2) ②保持施工现场的整洁；(2) ③施工有序、规范操作；(2) ④施工完毕后，工机具整理、现场清扫与整理；(2) ⑤将施工垃圾分类，并清扫(2)	10			
专业能力 60%	自行查找专业知识： 能通过教材、在线教学平台、互联网查找相关知识，并使用标准用语或标准符号填写活页(10)	10			
	作业(或施工)过程规范： ①工序正确；(2) ②工机具使用规范；(1) ③设备使用规范；(1) ④不踩踏线缆(1)	5			
	操作熟练度和工作效率： ①线管敷设、缆线布放、端接配线技能娴熟；(2) ②相关标准和工艺熟记；(2) ③施工进度符合要求(1)	5			

续表

评价项目	评价内容	分值	评价分数		
			自评	互评	师评
专业能力 60%	项目验收： ①项目完成度；(5) ②底盒安装水平、方正；(5) ③线管与底盒连接使用杯梳；(5) ④线缆标记齐全、规范；(5) ⑤端接、配线工艺符合要求；(5) ⑥线缆预留符合规范且梳理整齐；(5) ⑦测通测试通过；(5) ⑧现场整洁(5)	40			
总评	自评得分：________互评得分：________师评得分：________ 自评×20%+互评×20%+师评×60% ≥85 分优秀，≥75 分良好，≥65 分合格	综合得分			
		综合评价			

相关知识

一、线缆布放[①]

（1）缆线的型式、规格应与设计规定相符。

（2）缆线在各种环境中的敷设方式、布放间距均应符合设计要求。

（3）缆线的布放应自然平直，不得产生扭绞、打圈等现象，不应受外力的挤压和损伤。

（4）缆线的布放路由中不得出现缆线接头。

（5）缆线两端应贴有标签，应标明编号，标签书写应清晰、端正和正确，标签应选用不易损坏的材料。

（6）缆线应有余量以适应成端、终接、检测和变更，有特殊要求的应按设计要求预留长度，并应符合下列规定：

①对绞电缆在终接处，预留长度在工作区信息插座底盒内宜为 30～60 mm，电信间宜为 0.5～2.0 m，设备间宜为 3～5 m。

②光缆布放路由宜盘留，预留长度宜为 3～5 m，光缆在配线柜处预留长度应为 3～5 m，楼层配线箱处光纤预留长度应为 1.0～1.5 m，配线箱终接时预留长度不应小于 0.5 m，光缆纤芯在配线模块处不做终接时应保留光缆施工预留长度。

（7）缆线的弯曲半径应符合下列规定：

①非屏蔽和屏蔽四对对绞电缆的弯曲半径不应小于电缆外径的 4 倍；

②主干对绞电缆的弯曲半径不应小于电缆外径的 10 倍；

③ 2 芯或 4 芯水平光缆的弯由半径应大于 25 mm；其他芯数的水平光缆主干光缆和室外光缆的弯曲半径不应小于光缆外径的 10 倍；

④G. 657、G. 652 型用户光缆弯由半径应符合表 3-1-7 规定。

---

① 线缆布放要求参照中华人民共和国国家标准《综合布线系统工程设计规范》(GB 50311—2016)和国家建筑标准设计图集《综合布线系统工程设计与施工》(20X101-3)。

表 3-1-7　光缆敷设安装的最小曲率半径

光缆类型		静态弯曲
室外光缆		15D/15 H
管道入户光缆 蝶形引入光缆 室内布线光缆	G. 625D 光纤	10D/10 H 且不小于 30 mm
	G. 657 A 光纤	5D/5 H 且不小于 15 mm
	G. 657B 光纤	5D/5 H 且不小于 10 mm

注：D 为缆芯处圆形护套外径，H 为缆芯处扁形护套短轴的高度。

(8)综合布线系统缆线与其他管线的间距应符合设计文件要求，并应符合下列规定：

①电力电缆与综合布线系统缆线应分隔布放，并应符合表 3-1-8 的规定；

表 3-1-8　综合布线电缆与电力电缆的间距

类　别	与综合布线接近状况	最小净距/mm
380 V 电力电缆 <2 kV · A	与缆线平行敷设	130
	有一方在接地的金属槽盒(或钢管中)	70
	双方都在接地的金属槽盒(或钢管中)①	10
380 V 电力电缆 2～5 kV · A	与缆线平行敷设	300
	有一方在接地的金属槽盒(或钢管中)	150
	双方都在接地的金属槽盒(或钢管中)	80
380 V 电力电缆 >5 kV · A	与缆线平行敷设	600
	有一方在接地的金属槽盒(或钢管中)	300
	双方都在接地的金属槽盒(或钢管中)	150

②综合布线管线与其他管线的间距应符合表 3-1-9 的规定；

表 3-1-9　综合布线管线与其他管线的间距

其他管线	最小平行净距/mm	最小垂直交叉净距/mm
避雷专用引下线	1 000	300
保护底线	50	20
给水管	150	20
压缩空气管	150	20
热力管(不包封)	500	500
热力管(包封)	300	300
燃气管	300	20

③综合布线缆线宜单独敷设，与其他弱电系统各子系统缆线间距应符合设计文件要求；

④对于有安全保密要求的工程，综合布线缆线与信号线、电力线、接地线的间距应符合相应的

① 双方都在接地的槽盒中，系指两个不同的线槽，也可在同一线槽中用金属板隔开，且平行长度不大于 10 m。

保密规定和设计要求，综合布线缆线应采用独立的金属导管或金属槽盒敷设。

(9)屏蔽电缆的屏蔽层端到端应保持完好的导通性，屏蔽层不应承载拉力。

(10)明敷缆线应符合室内或室外敷设场所环境特征要求，并应符合下列规定：

①采用线卡沿墙体、顶棚、建筑物构件表面或家具上直接敷设，固定间距不宜大于 1 m；

②缆线不应直接敷设于建筑物的顶棚内、顶棚抹灰层、墙体保温层及装饰板内；

③明敷缆线与其他管线交叉贴邻时，应按防护要求采取保护隔离措施；

④敷设在易受机械损伤的场所时，应采用钢管保护。

(11)采用预埋槽盘和暗管敷设缆线应符合下列规定：

①槽盒和暗管的两端宜用标志表示出编号等内容；

②预埋槽盒宜采用金属槽盒，截面利用率应为 30%～50%；

③暗管宜采用钢管或阻燃聚氯乙烯导管，布放大对数主干电缆及四芯以上光缆时，直线管道的管径利用率应为 50%～60%，弯导管应为 40%～50%，布放四对对绞电缆或四芯及以下光缆时，管道的截面利用率应为 25%～30%；

④综合布线系统管线的弯曲半径应符合表 3-1-10 的规定；

表 3-1-10　缆线敷设弯曲半径

缆线类型	弯曲半径
2 芯或 4 芯水平光缆	大于 25 mm
其他芯数和主干光缆	不小于光缆外径 10 倍
四对屏蔽、非屏蔽电缆	不小于电缆外径 4 倍
大对数主干电缆	不小于电缆外径 10 倍
室外光缆、电缆	不小于缆线外径 4 倍

⑤对金属材质有严重腐性的场所，不宜采用金属的导管、桥架布线；

⑥在建筑物吊顶内应采用金属导管、槽盒布线；

⑦导管、桥架跨越建筑物变形缝处，应设补偿装置。

(12)缆线布放在导管与槽盒内的管径与截面利用率应符合下列规定：

①管径利用率和截面利用率应按下列公式计算：

$$管径利用率 = d/D$$

式中，d 为缆线的外径；D 为管道内径，如图 3-1-5 所示。

$$截面利用率 = S_1/S$$

式中，S_1 为穿在管/槽盒内的缆线总截面积；S 为管/槽盒的内截面积，如图 3-1-6 和图 3-1-7 所示。

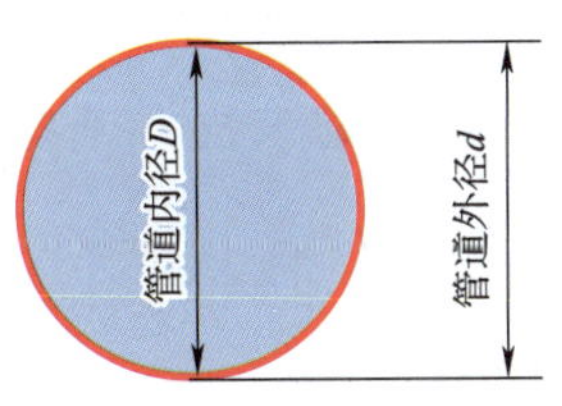

图 3-1-5　管道内径示意图

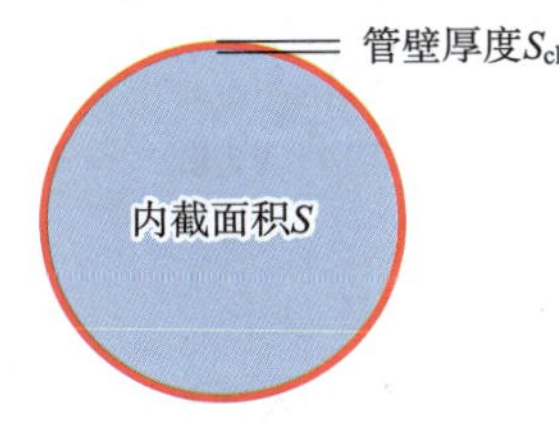

图 3-1-6　管道内截面积示意图

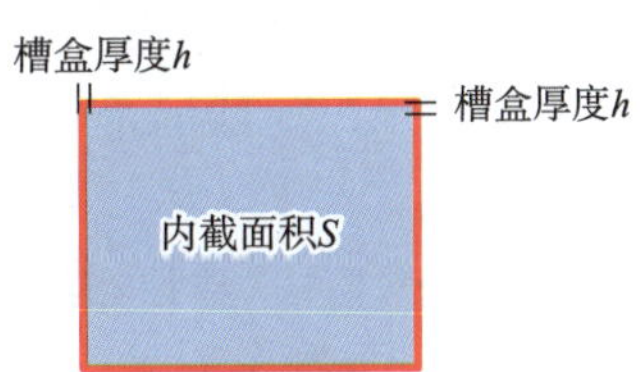

图 3-1-7　槽盒内截面积示意图

②弯导管的管径利用率应为40%～50%；

③导管内穿放大对数电缆或4芯以上光缆时，直线管路的管径利用率应为50%～60%；

④导管内穿放四对对绞电缆或4芯及以下光缆时，截面利用率应为25%～30%；

⑤槽盒内的截面利用率应为30%～50%。

（13）设置缆线桥架敷设缆线应符合下列规定：

①槽盒内缆线布放应顺直，不宜交叉，在缆线进出槽盒部位、转弯处应绑扎固定。

②梯架或托盘内垂直敷设缆线时，在缆线的上端和每间隔1.5 m处应固定在梯架或托盘的支架上；水平敷设时，在缆线的首、尾、转弯及每间隔5～10 m处应进行固定。

③在水平、垂直梯架或托盘中敷设缆线时，应对缆线进行绑扎。对绞电缆、光缆及其他信号电缆应根据缆线的类别、数量、缆径、缆线芯数分束绑扎；绑扎间距不宜大于1.5 m，间距应均匀，不宜绑扎过紧或使缆线受到挤压。

④为减少缆间串扰，6类及以上等级的四对对绞电缆可采用电缆托盘和槽盒中顺直绑扎或随意摆放，不宜绑扎过紧或每线束电缆根数超过24根；针对"十"字、"一"字等不同骨架结构的四对对绞电缆，其布放要求不同，具体布放方式宜根据生产厂家的安装要求确定。

⑤室内光缆在梯架或托盘中敞开敷设时应在绑扎固定段加装垫套。

（14）采用吊顶支撑柱（垂直槽盒）在顶棚内敷设缆线时，每根支撑柱所辖范围内的缆线可不设置密封槽盒进行布放，但应分束绑扎，缆线应阻燃，缆线选用应符合设计文件要求。

（15）用户光接续应符合下列规定：

①用户光缆光纤接续宜采用熔接方式；

②在用户接入点配线设备及信息配线箱内宜采用熔接尾纤方式终接，不具备熔接条件时可采用现场组装光纤连接器件终接；

③每一光纤链路中宜采用相同类型的光纤连接器件；

④采用金属加强芯的光缆，金属构件应接地。

二、家庭网络无线组网其他方式

1. 无线AP覆盖方式

全屋无线AP覆盖方式适用于房间数量较多、面积较大，或者是结构不太理想（接收位置距Wi-Fi发射点有两堵墙及以上）的情景。无线AP组网结构如图3-1-8所示。

（1）注意事项：

①HD（家具信息箱）中带AC功能的路由配合PoE交换机的组网方式，也可以使用带PoE功能的AC一体式路由器代替；

②若需使用台式计算机，可采用面板型无线AP自带的RJ-45接口直接连接NIC；

③若房屋装修有吊顶，也可采用吸顶式无线AP；

④无线AP支持的最高速率不低于光纤到户的速率，若经济条件允许，建议支持千兆及以上[①]；

⑤在装修阶段，建议布线电缆等级为Cat. 6及以上；

⑥无线AP覆盖方式也适用于酒店客房无线接入（无线上网、一路IP电话）。

① 线缆和设备采购必须超前，避免后期重复投入。

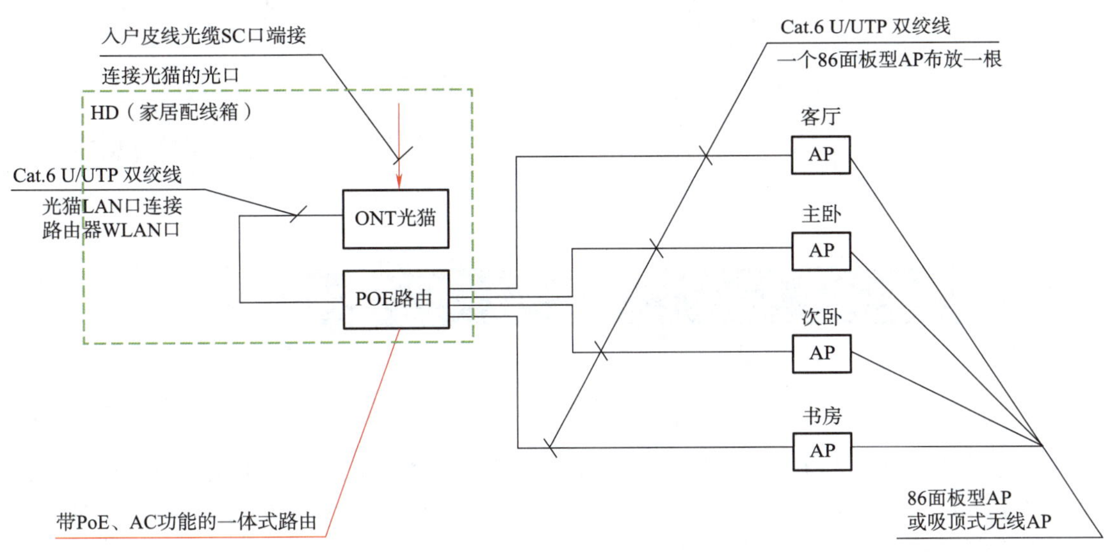

图 3-1-8　无线 AP 组网结构

(2)采用无线 AP 组网的优缺点。

优点:

①信号较好,能充分利用光纤到户的 1 000 Mbit/s 下行速率;

②设备安装美观、整洁,看不到供电电源线和跳线。

缺点:

①整套设备价格较为昂贵;

②要求作业人员了解家庭组网的设备,有网络技术基础,会配置。

(3)设备选型,建议选择某个品牌的套餐,其配置简单、兼容性好。86 型无线 AP 如图 3-1-9 所示,吸顶型无线 AP 如图 3-1-10 所示。带 AC 控制器的 PoE 供电路由如图 3-1-11 所示。

图 3-1-9　86 型无线 AP

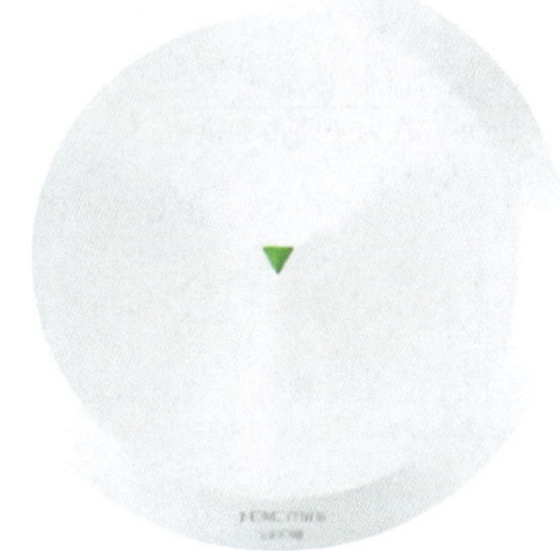

图 3-1-10　吸顶型无线 AP

2. 有线 Mesh 组网方式

Mesh 组网分为无线 Mesh 和有线 Mesh 组网两种方式。无线 Mesh 组网在信号和速率稳定方面较差,类似于无线桥接方式组网,主要是设备配置,此处不做介绍。对于别墅(或多层大面积自建房),有线 Mesh 组网是一个不错的方案,具体组网方式如图 3-1-12 所示。

图 3-1-11　带 AC 控制器的 PoE 供电路由

有线 Mesh 组网方式与无线 AP 接入组网方式的注意事项和优缺点类似，但是有线 Mesh 组网支持 IPTV（主路由一路 IPTV 输入），子路由支持智慧电视无线接入。同样建议选择某个品牌的套餐。86 面板型子路由如图 3-1-13 所示，华为子母路由套装如图 3-1-14 所示。

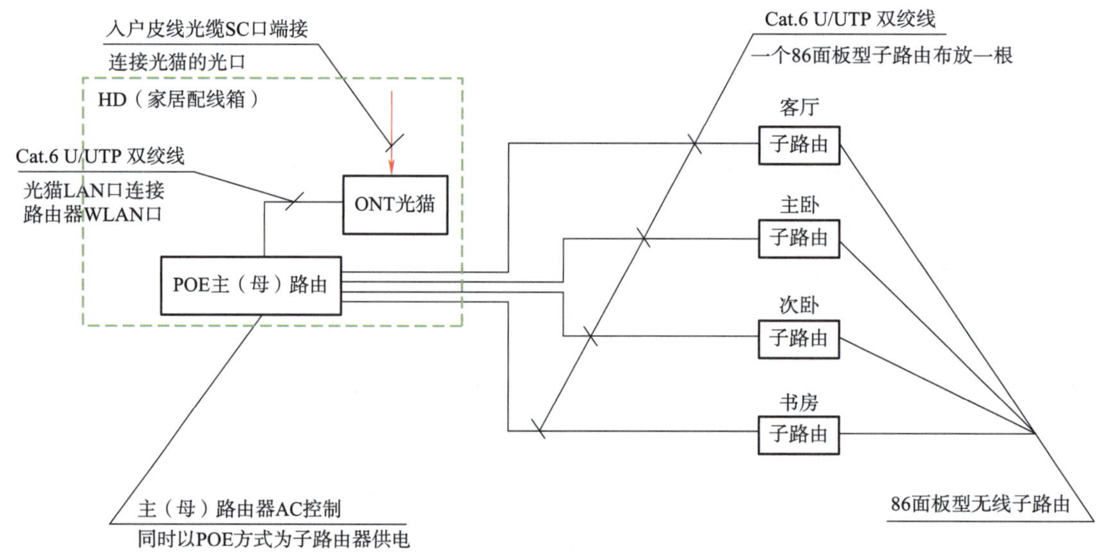

图 3-1-12　有线 Mesh 组网方式

图 3-1-13　86 面板型子路由

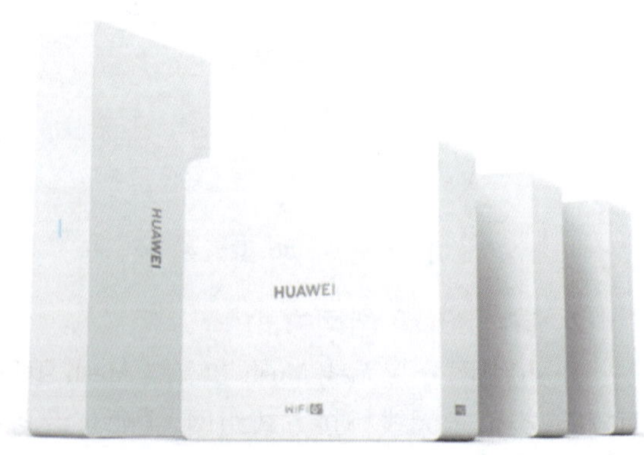

图 3-1-14　华为子母路由套装

任务二　组建典型模拟集团电话网络①

任务目标

工作任务	分组实施图 3-2-1 所示的典型模拟集团电话网络。 注：机柜电源已备好，注意使用安全
任务要求	（1）从设备间（BD）敷设一根 HYV 25×2×0.5（Cat. 5）室内大对数电缆到一层管理间（1FD）需在桥架内敷设； （2）需采用管径符合要求的金属软管连接桥架与机柜； （3）需采用线槽（39 mm×19 mm）明敷布线水平永久链路布线通道； （4）配线架、PBX 设备以及连接跳线的安装需按图 3-2-2 执行； （5）两路电话要求连接在 PBX 的 2 号和 3 号端口，对应的电话号码分别是 802 和 803，PBX 的 1 号端口仅供外线连接使用； （6）测试时要求两部电话能相互通话

任务准备

请自行查阅资料或观看视频，完成以下工作准备。

引导问题 1：写出以下图标表示的设备。

PBX ________________________________

POTS ________________________________

引导问题 2：根据 25 对大对数线对分布，填写主色、辅色及 25 对线对的颜色（见表 3-2-1）。

表 3-2-1　25 对大对数线对分布

主　色	辅　色									
	1		6		11		16		21	
	2		7		12		17		22	
	3		8		13		18		23	
	4		8		14		19		24	
	5		10		15		20		25	

引导问题 3：水平链路 Cat. 5 U/UTP 双绞线连接 1FD 中 Panel_A 的哪两个端口？

____

引导问题 4：BD 机柜中 Panel_A 的哪两对线用来传输语音信号？

____

引导问题 5：请有序组织施工。请为小组成员合理分配任务，填写施工作业人员安排表（见表 3-2-2）。

① 此处仅考虑小型模拟集团电话网络，VoIP 电话可利用现有数据网络，主要涉及设备的调试和安装，此处不介绍。

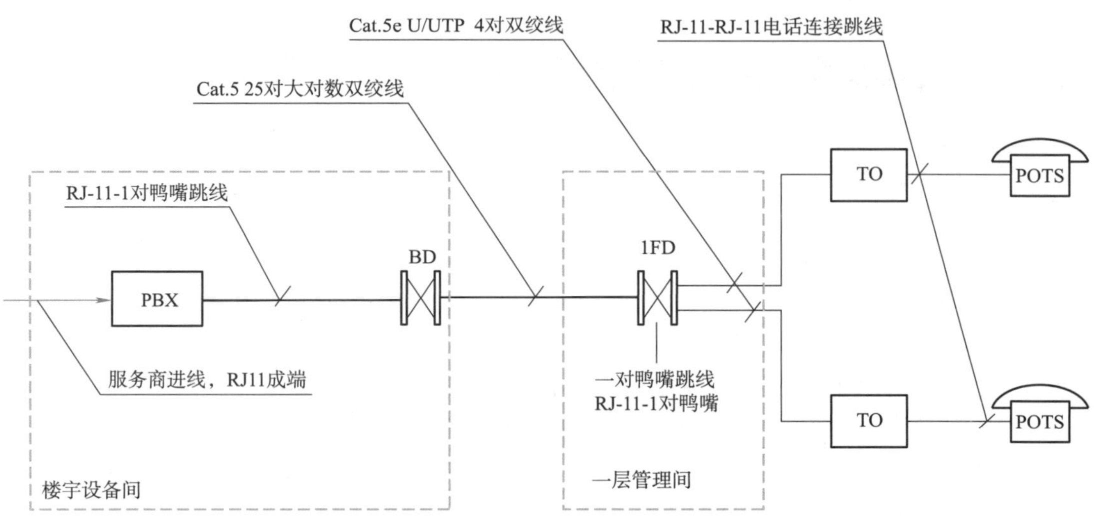

图 3-2-1 典型模拟集团电话网络连接示意图

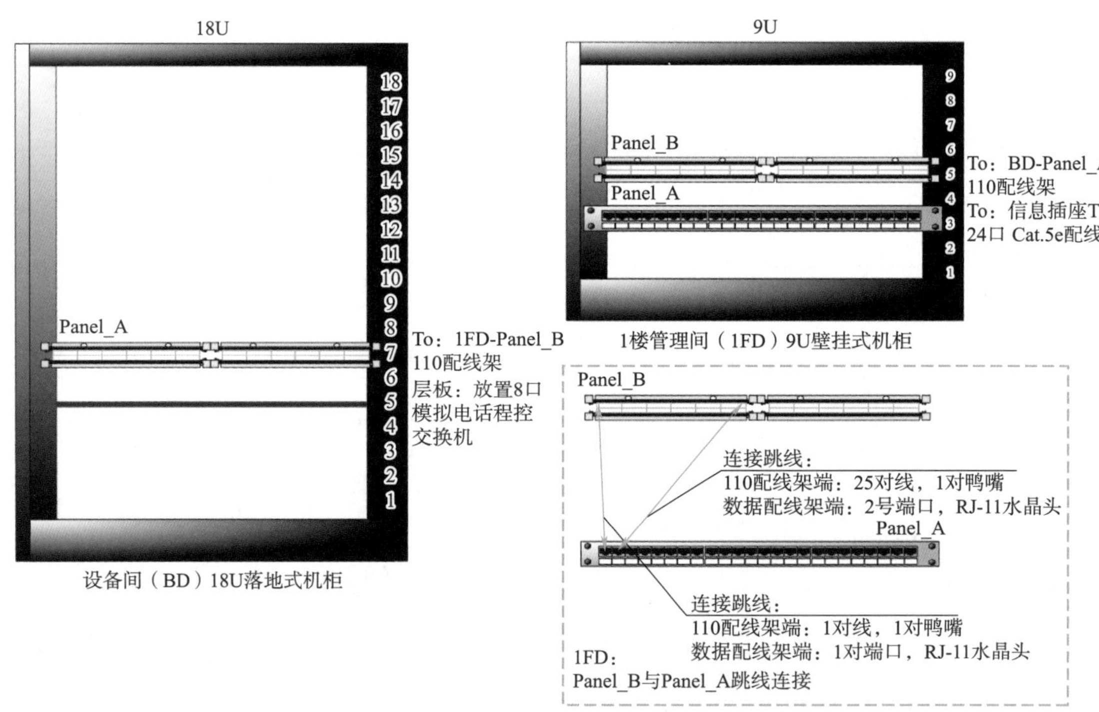

图 3-2-2 机柜安装平面图与管理间跳线连接示意图

表 3-2-2 施工作业人员安排表

施工作业人员	分配作业内容

续表

施工作业人员	分配作业内容

引导问题 6：器材准备，填写器材（含测试设备、终端设备）选用表（见表 3-2-3）。

表 3-2-3　器材选用表

序　号	器材名称	器材型号	数　量	单　位

小提示：从电话终端开始，顺着信道，将语音传输到模拟程控交换机。将传输信道所涉及的设备、跳线、链路、布线通道、连接件逐一进行统计。

引导问题 7：工机具准备，填写任务所需的工机具选用表（见表 3-2-4）。

表 3-2-4　工机具选用表

序　号	工机具名称	功　　能

小提示：针对布线通道敷设、线缆布放、开缆、模块配线、110 配线架配线、连接件安装等进行工机具选用。

引导问题 8：在施工和测试过程中，你可能用到以下跳线，请你在图 3-2-3 ~ 图 3-2-6 下方横线处说明跳线的类型和在本任务中的作用。

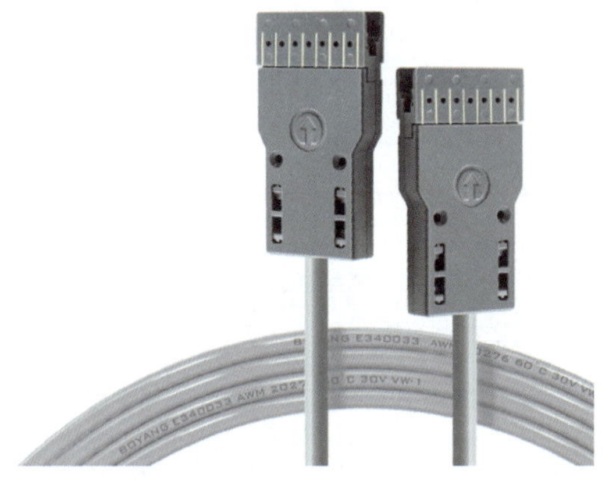

图 3-2-3　跳线 1

类型：8 芯 110-110 鸭嘴跳线

作用：无（或本任务中不使用）。

填写示范：1FD 机柜 Panel_A 110 配线架的 4 对连接块与 1FD 机柜 Panel_B 110 配线架的 4 对连接块连接使用

图 3-2-4　跳线 2

类型：

作用：

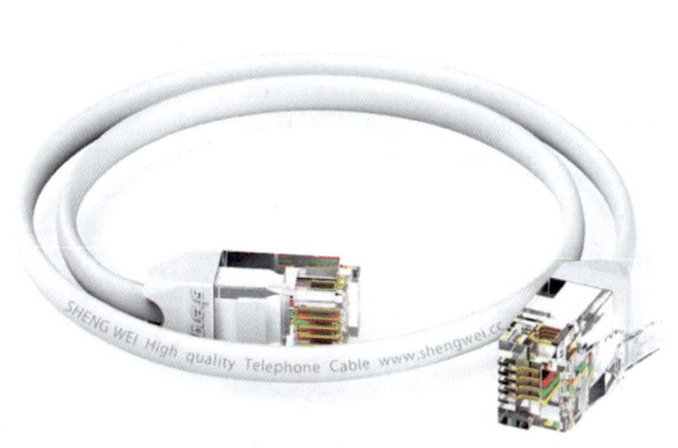

图 3-2-5　跳线 3

类型：

作用：

图 3-2-6　跳线 4

类型：

作用：

引导问题 9：T568A 和 T568B 连接如图 3-2-7 所示，请回答提出的问题。

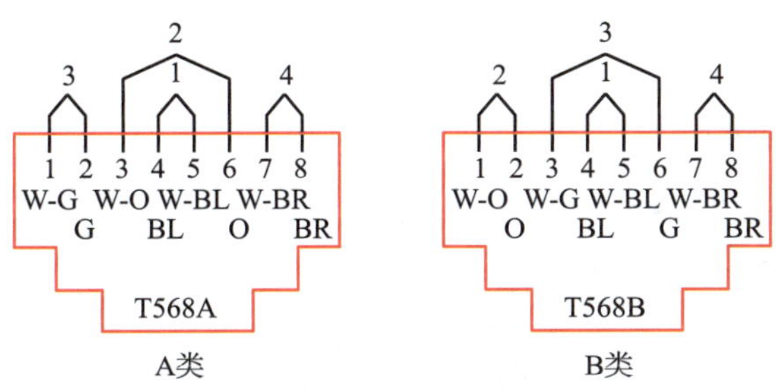

图 3-2-7　T568A 和 T568B 连接示意图

G(Green)—绿；BL(Blue)—蓝；RR(Brown)—棕；

W(White)—白；O(Orange)—橙

语音、数据同等对待，均采用八芯双绞线传输数据；信息插座模块采用 T568B 标准配线时，6P2C 的 RJ-11 水晶头连接信息插座和电话机，请问语音通过八芯双绞线的哪两芯线传输？若信息插座模块采用 T568A 标准配线呢？

技能训练

技能训练 1：请遵循表 3-2-5 的作业步骤完成工作任务。

表 3-2-5　典型模拟集团电话网络组建作业步骤

作业步骤	作业内容及标准	完成任务
作业前准备	①根据表 3-2-2,各自做好准备工作; ②做好作业前准备工作:穿好实训服、佩戴好劳保用品、领取器材和工机具等	①填写表 3-2-2,合理分配工作任务; ②填写表 3-2-3 器材选用表; ③填写表 3-2-4 工机具选用表; ④根据器材选用表领用作业器材; ⑤根据工机具选用表领用作业工机具
信息插座底盒安装	依据业主(教师)要求的信息插座位置(或在 101 和 102)安装明装底盒,底盒安装要求: ①底盒安装水平、方正,固定良好、不晃动; ②底盒距地面不少于 300 mm	安装两个明装底盒
布线通道敷设	①规划 1FD 机柜到 BD 机柜、信息插座到 1FD 机柜之间的布线路由; ②安装 39 mm × 19 mm PVC 线槽,要求:线槽安装必须横平竖直,连接处采用 45° 拼接,拼接缝隙不大于 1 mm	使用 39 mm × 19 mm PVC 线槽敷设水平链路的布线通道
线缆标记与敷设	①标记并敷设 25 对大对数电缆,要求:桥架已敷设好,一大对数干线进出桥架时选用合适的软管与 BD/FD 机柜相连; ②标记并敷设四根 Cat. 5e U/UTP 双绞线,要求:线槽与底盒之间缝隙不超过 1 mm,线槽面板拼接处缝隙不超过 1 mm; ③线缆预留:信息插座中 30 ~ 60 mm,FD 机柜中预留 0.5 ~ 2.0 m,BD 机柜中预留 3 ~ 5 m	①敷设 25 对大对数干线一根; ②敷设 Cat. 5e U/UTP 双绞线四根。 **注:**可同时进行干线及水平线缆敷设(请提前做好分工)
配线端接	①整理 FD/BD 机柜线缆,要求:横平竖直,拐弯处符合线缆静态弯曲半径,大对数不小于电缆外径 10 倍,Cat. 5e U/UTP 双绞线不少于电缆外径的 4 倍; ②安装 Cat. 5e 24 口数据配线架及 110 型配线架至图纸要求的位置; ③按照 25 对大对数电缆色谱在 FD/BD 的 110 配线架配线,配线位置为第 1 ~ 25 对; ④按照 EIA/TIA 568B 标准端接信息插座以及 FD 机柜 Cat. 5e 24 口数据配线架配线	①整理 FD/BD 机柜缆线; ②大对数电缆配线; ③Cat. 5e 24 口数据配线架配线; ④信息插座端接。 **注:**可同时进行信息插座、FD、BD 机柜等三处位置端接配线(请提前做好分工)
线缆测试	使用测线仪对缆线进行测通测试: ①使用四对鸭嘴-RJ-45 4 对双绞线跳线,完成 25 对干线电缆的测通测试; ②使用 RJ-45-RJ-45 四对双绞线跳线完成两条水平链路测试。 **注:**①②测试完成后,才允许进行下一步	①25 对大对数干线链路测试; ②水平永久链路测试
设备安装	①安装终端设备:101 及 102 的电话机; ②安装集团电话交换机[①],101 电话的链路连接到 2 号端口、102 电话的链路连接到 3 号端口	①安装两台模拟电话终端; ②安装集团电话交换机
设备测试	①交换机通电; ②101 电话拨打号码 803(或 102 电话拨打号码 802)测试通话	测试通话

① 仅适合冰河程控电话 1 进 8 出交换机。

续表

作业步骤	作业内容及标准	完成任务
任务结束	①设备断电与设备整理归还； ②整理工机具； ③现场的整理与清扫，注意含铜的线头的回收（放入可回收垃圾桶）	①设备归还； ②整理工机具； ③完成作业现场的整理与清扫； ④填写作业（施工）日志

技能训练2：作业（施工）日志填写。根据各自承担的施工任务，填写作业（施工）日志（见表3-2-6）。

表3-2-6　作业（施工）日志

任务名称				
作业日期	____年____月____日星期____		作业地点 （或工位号）	
作业人员				

作业前准备工作：
注：从着装开始，梳理作业的准备工作，完成相应的引导问题并确认以下四项内容，确认后打√

□着装检查符合要求	□器材领用与检查	□设备领用与检查	□工机具领用与检查

其他准备工作：

安全风险控制：

作业中存在的问题及解决方法：

任务完成进度和质量：

考核与评价

请作业人员、小组成员和教师依据表3-2-7完成本次任务考核。

表3-2-7　考核赋分表

评价项目	评价内容	分值	评价分数		
			自评	互评	师评
职业素养 40%	穿戴规范、整洁： ①衣着得体大方、整洁；(2) ②穿戴符合安全生产要求(3)	5			

续表

评价项目	评价内容	分值	评价分数		
			自评	互评	师评
职业素养 40%	安全意识、责任意识： ①工机具摆放合理，符合安全生产要求；(2) ②作业过程中带好防护用具；(2) ③设备使用符合规范(1)	5			
	积极参加教学活动，及时完成工作活页： ①课前完成准备阶段活页填写；(3) ②课中完成实施阶段活页填写；(4) ③内容填写规范，用语标准、描述准确(3)	10			
	团队合作能力： ①团队分工协作、分工合理；(3) ②协商解决问题，不蛮干、单干(2)	5			
	劳动纪律： ①现场施工秩序良好；(2) ②不跨工位操作；(1) ③不随意走动、聊天(2)	5			
	生产现场6S管理： ①现场工机具、器材、设备摆放合理、整齐；(2) ②保持施工现场的整洁；(2) ③施工有序、规范操作；(2) ④施工完毕后，工机具整理、现场清扫与整理；(2) ⑤将施工垃圾分类，并清扫(2)	10			
专业能力 60%	自行查找专业知识： 能通过教材、在线教学平台、互联网查找相关知识，并使用标准用语或标准符号填写活页(10)	10			
	作业(或施工)过程规范： ①工序正确；(2) ②工机具使用规范；(1) ③设备使用规范；(1) ④不踩踏线缆(1)	5			
	操作熟练度和工作效率： ①基本施工技艺娴熟；(2) ②相关标准和工艺熟记；(2) ③施工进度符合要求(1)	5			
	项目验收： ①项目完成度；(5) ②底盒安装水平、方正；(5) ③线槽安装水平、方正，线槽与底盒连接处缝隙不大于1 mm；(5) ④线缆标记齐全、规范；(5) ⑤端接、配线符合工艺要求；(5) ⑥线缆预留符合规范且梳理整齐；(5) ⑦测通测试通过，两台电话能相互通话；(5) ⑧现场整洁(5)	40			
总评	自评得分：________互评得分：________师评得分：________ 自评×20%＋互评×20%＋师评×60% ≥85分优秀，≥75分良好，≥65分合格	综合得分		综合评价	

任务三　楼宇内典型光电链路的实施 1

任务目标

工作任务	分组完成楼宇内典型光电混合链路,通信链路如图 3-3-1 所示
任务要求	(1)从一层管理间(1FD)机柜布放四对双绞线到信息插座,需采用 Φ20 mm 规格的 PVC 线管; (2)从二层管理间(2FD)机柜布放四对双绞线到信息插座,需采用 39 mm×19 mm 的 PVC 线槽; (3)双绞线电缆配线、端接需采用 TIA/EIA 568B 标准; (4)光缆 A 在设备间(BD)和光缆 B 在二层管理间(2FD)内成端时,需遵循图 3-3-2 所示色谱顺序; (5)光缆 A 和光缆 B 在一层管理间(1FD)成端、接续,需遵循图 3-3-3 所示色谱顺序; (6)设备间(BD)机柜、管理间(1FD、2FD)机柜的光纤终端盒和数据配线架安装方式需遵循图 3-3-4 所示的位置

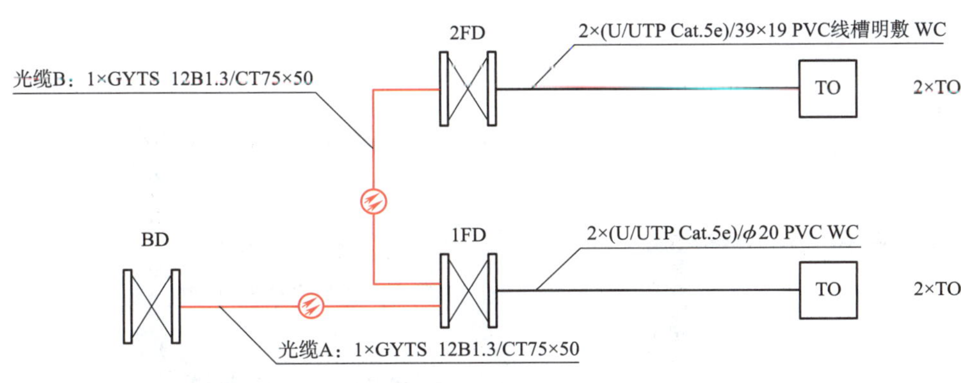

图 3-3-1　通信链路构成

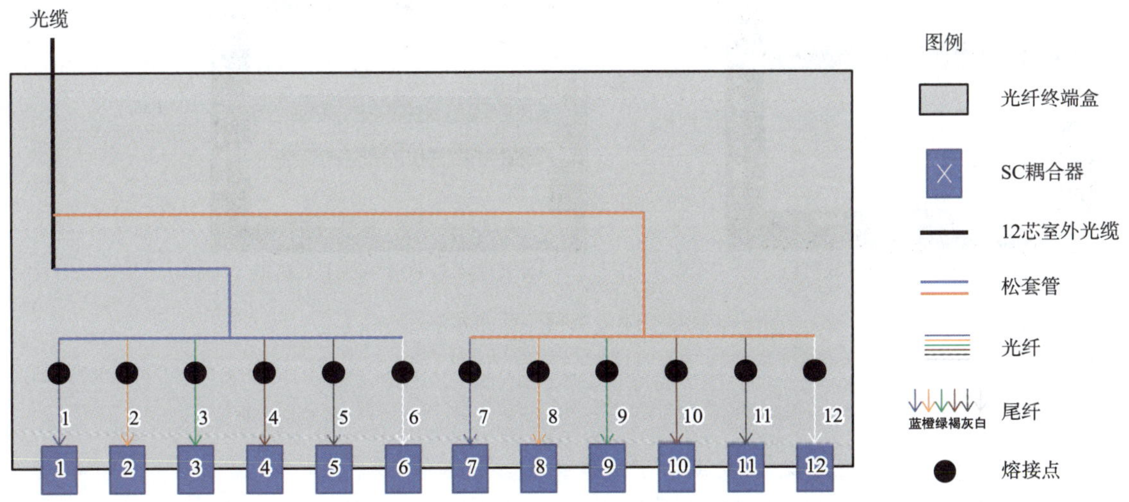

图 3-3-2　光缆 A、光缆 B 单独成端示意图

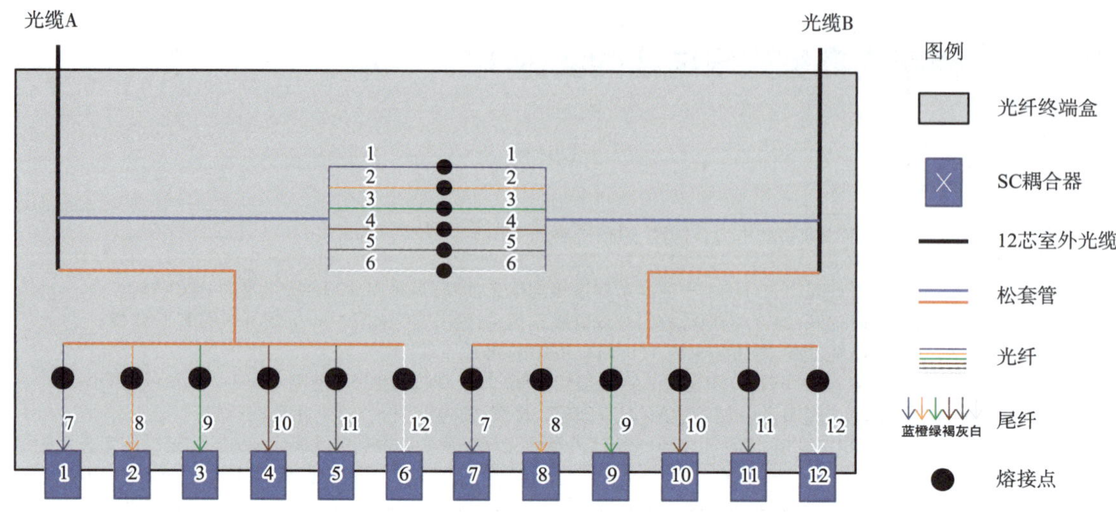

图 3-3-3　光缆 A、光缆 B 在 1FD 终端盒中连接图

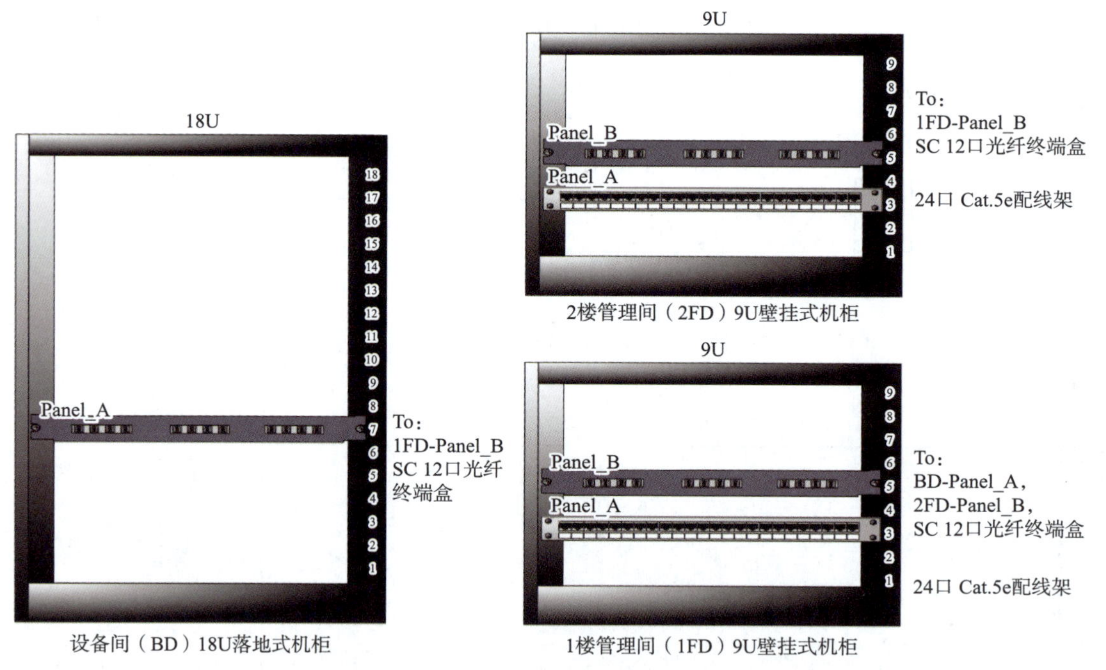

图 3-3-4　机柜正面布置图

任务准备

请自行查阅资料或观看视频，完成以下工作准备。

引导问题 1：请自行规划 1FD 及 2FD 中 Panel_A 的连接端口，完成端口对应表 3-3-1。

表 3-3-1　Panel_A 网络配线架端口对应表

(a)1FD 机柜中 Panel_A 网络配线架端口对应表

序号	信息点编号	机柜编号	配线架编号	配线架端口编号	楼层编号	位置编号	信息点编号
示例	1FD-Panel_A-01-1-101-1_R	1FD	Panel_A	01	1	101	1,或 1_L,或 1_R
1							
2							

(b)2FD 机柜中 Panel_A 网络配线架端口对应表

序号	信息点编号	机柜编号	配线架编号	配线架端口编号	楼层编号	位置编号	信息点编号
1							
2							

引导问题 2:根据图 3-3-2 和图 3-3-3,回答下面的问题。

BD 机柜中 Panel_A 的 1-6 芯另一端连接至:________________

BD 机柜中 Panel_A 的 7-12 芯另一端连接至:________________

1FD 机柜中 Panel_B 的 7-12 芯另一端连接至:________________

引导问题 3:通过连接跳线连通 B 光缆的其他光纤。

使用 SC - SC 跳线连接 1FD 机柜中 Panel_B 的端口 5 与端口 11 以及端口 6 与端口 12,请问 BD 机柜中 Panel_A 的端口________与 2FD 中的 Panel_B 的端口________对应。

引导问题 4:请有序组织施工。请为小组成员合理分配任务,填写施工作业人员安排表(见表 3-3-2)。

表 3-3-2　施工作业人员安排表

施工作业人员	分配作业内容

引导问题 5:器材准备。填写器材(含测试设备、终端设备)选用表(见表 3-3-3)。

表 3-3-3　器材选用表

序　号	器材名称	器材型号	数　量	单　位

小提示：从终端信息插座，通过传输信道将数据信息发送到 BD 端光纤终端盒。将传输信道所涉及的跳线、终端信息插座、水平永久链路、布线通道、干线链路、端接设备、连接件等逐一统计。

引导问题 6：工机具准备。填写任务所需的工机具选用表（见表 3-3-4）。

表 3-3-4　工机具选用表

序　号	工机具名称	功　能

小提示：针对布线通道敷设、线缆布放、开缆、跳线制作、模块制作、数据配线架配线、光缆熔接成端、连接件安装等进行工机具选用。

技能训练

技能训练1：请遵循表3-3-5的作业步骤完成工作任务。

表3-3-5　作业步骤

作业步骤	作业内容及标准	完成任务
作业前准备	①根据表3-3-2，各自做好准备工作； ②作业前准备工作：穿好实训服、佩戴好劳保用品、领取器材和工机具等	①填写表3-3-2，合理分配工作任务； ②填写表3-3-3器材选用表； ③填写表3-3-4工机具选用表； ④根据器材选用表领用作业器材； ⑤根据工机具选用表领用作业工机具
信息插座底盒安装	依据业主（教师）要求的信息插座位置安装底盒（或在201和202安装明装底盒，在101和102安装暗装底盒），底盒安装要求： ①底盒安装水平、方正，固定良好、不晃动； ②底盒距地面不少于300 mm	①在一层安装两个暗装底盒； ②在二层安装两个明装底盒
布线通道敷设	①规划1FD机柜到BD机柜、2FD机柜到1FD机柜、信息插座到1FD机柜和2FD机柜之间的布线路由； ②从1FD敷设Φ20 mm PVC线管至101、102安装底盒，安装必须横平竖直，折角处必须手工制弯，连接底盒必须使用杯梳； ③从2FD敷设39 mm×19 mm PVC线槽至201、202明盒，要求：线槽安装必须横平竖直，连接处采用45°拼接，拼接缝隙不大于1 mm	①使用Φ20 mm PVC线管敷设一层水平链路的布线通道； ②使用39 mm×19 mm PVC线槽敷设二层水平链路的布线通道
线缆标记与敷设	①标记并敷设两根GYTS-12B1型光缆，要求：桥架已敷设好，GYTS-12B1型光缆进出桥架时选用合适的软管与BD/FD机柜相连； ②标记并敷设一层两根Cat. 5e U/UTP双绞线，要求：使用穿线器将线缆从1FD牵引到信息插座，穿线过程匀速、“一送一拉”相结合； ③标记并敷设二层两根Cat. 5e U/UTP双绞线，要求：线槽与底盒之间缝隙不超过1 mm，线槽面板拼接处缝隙不超过1 mm； ④线缆预留：信息插座中30～60 mm，FD机柜中预留0.5～2.0 m，BD机柜中预留3～5 m	①敷设一层两条水平永久链路； ②敷设二层两条水平永久链路； ③敷设1FD～2FD一条光缆链路； ④敷设1FD～BD一条干线光缆链路
配线端接	①整理FD/BD机柜线缆，要求：横平竖直，拐弯处符合线缆静态弯曲半径，光缆不小于电缆外径10倍，Cat. 5e U/UTP双绞线不少于电缆外径4倍； ②安装FD/BD机柜配线架及光纤终端盒； ③按照EIA/TIA 568B标准端接信息插座以及1FD、2FD机柜的Cat. 5e 24口数据配线架配线； ④BD机柜光缆成端；1FD机柜光缆成端及接续；2FD机柜光缆成端	①完成四条水平永久链路的配线、端接； ②完成2FD和BD机柜中光缆的成端； ③完成1FD光纤终端盒两根光缆的成端和接续
线缆测试	①使用网络测线仪对水平电缆进行测通测试； ②使用激光测试笔测试光纤链路通断	完成铜缆和光缆链路的测试
任务结束	现场清理： ①整理工机具； ②作业现场的整理与清扫。 **注意：**铜缆/铜缆开剥的垃圾放入“可回收垃圾”桶，光缆/光缆开剥的垃圾放入“有害垃圾”桶	①整理工机具； ②完成作业现场的整理与清扫； ③填写作业（施工）日志

技能训练 2：作业（施工）日志填写。根据各自承担的施工任务，填写作业（施工）日志（见表 3-3-6）。

表 3-3-6　作业（施工）日志

任务名称					
作业日期	____年____月____日星期____		作业地点 （或工位号）		
作业人员					

作业前准备工作：
注：从着装开始，梳理作业的准备工作，完成相应的引导问题并确认以下四项内容，确认后打√

□着装检查符合要求	□器材领用与检查	□设备领用与检查	□工机具领用与检查

其他准备工作：

安全风险控制：

作业中存在的问题及解决方法：

任务完成进度和质量：

考核与评价

请作业人员、小组成员和教师依据表 3-3-7 完成本次任务考核。

表 3-3-7　考核赋分表

评价项目	评价内容	分值	评价分数		
			自评	互评	师评
职业素养 40%	穿戴规范、整洁： ①衣着得体大方、整洁；(2) ②穿戴符合安全生产要求(3)	5			
	安全意识、责任意识： ①工机具摆放合理，符合安全生产要求；(2) ②作业过程中带好防护用具；(2) ③设备使用符合规范(1)	5			

续表

<table>
<tr><th rowspan="2">评价项目</th><th rowspan="2">评价内容</th><th rowspan="2">分值</th><th colspan="3">评价分数</th></tr>
<tr><th>自评</th><th>互评</th><th>师评</th></tr>
<tr><td rowspan="4">职业素养
40%</td><td>积极参加教学活动,及时完成工作活页:
①课前完成准备阶段活页填写;(3)
②课中完成实施阶段活页填写;(4)
③内容填写规范,用语标准、描述准确(3)</td><td>10</td><td></td><td></td><td></td></tr>
<tr><td>团队合作能力:
①团队分工协作、分工合理;(3)
②协商解决问题,不蛮干、单干(2)</td><td>5</td><td></td><td></td><td></td></tr>
<tr><td>劳动纪律:
①现场施工秩序良好;(2)
②不跨工位操作;(1)
③不随意走动、聊天(2)</td><td>5</td><td></td><td></td><td></td></tr>
<tr><td>生产现场6S管理:
①现场工机具、器材、设备摆放合理、整齐;(2)
②保持施工现场的整洁;(2)
③施工有序、规范操作;(2)
④施工完毕后,工机具整理、现场清扫与整理;(2)
⑤将施工垃圾分类,并清扫(2)</td><td>10</td><td></td><td></td><td></td></tr>
<tr><td rowspan="4">专业能力
60%</td><td>自行查找专业知识:
能通过教材、在线教学平台、互联网查找相关知识,并使用标准用语或标准符号填写活页(10)</td><td>10</td><td></td><td></td><td></td></tr>
<tr><td>作业(或施工)过程规范:
①工序正确;(2)
②工机具使用规范;(1)
③设备使用规范;(1)
④不踩踏线缆(1)</td><td>5</td><td></td><td></td><td></td></tr>
<tr><td>操作熟练度和工作效率:
①基本施工技艺娴熟;(2)
②相关标准和工艺熟记;(2)
③施工进度符合要求(1)</td><td>5</td><td></td><td></td><td></td></tr>
<tr><td>项目验收:
①项目完成度;(4)
②底盒安装水平、方正;(4)
③线管与底盒连接使用杯梳;(4)
④线槽安装水平、方正;(4)
⑤线槽与底盒连接处的缝隙不大于1 mm;(4)
⑥线缆标记齐全、规范;(4)
⑦端接、配线符合工艺要求;(4)
⑧线缆预留符合规范且梳理整齐;(4)
⑨测通测试通过;(4)
⑩现场整洁(4)</td><td>40</td><td></td><td></td><td></td></tr>
<tr><td rowspan="2">总评</td><td rowspan="2">自评得分:________互评得分:________师评得分:________
自评×20%+互评×20%+师评×60%
≥85分优秀,≥75分良好,≥65分合格</td><td colspan="2">综合得分</td><td colspan="2"></td></tr>
<tr><td colspan="2">综合评价</td><td colspan="2"></td></tr>
</table>

相关知识

施工检验项目及内容

根据《综合布线系统工程设计规范》GB 50311—2016、《综合布线系统工程验收规范》GB/T 50312—2016 以及国家建筑标准设计图集《综合布线系统工程设计与施工》20X101-3，综合布线系统工程在施工准备阶段、施工阶段、测试阶段、总验收阶段等需完成的检验项目及内容，见表 3-3-8。

表 3-3-8　验收内容

阶　段	验收项目	验收内容	验收方式
施工前检查	施工前准备资料	①已批准的施工图； ②施工组织计划； ③施工技术措施	施工前检查
	环境要求	①土建施工情况：地面、墙面、门、电源插座及接地装置； ②土建工艺：机房面积、预留孔洞； ③施工电源； ④地板铺设； ⑤建筑物入口设施检查	
	器材检查	①按工程技术文件对设备、材料、软件进行进场验收； ②外观检查； ③品牌、型号、规格、数量； ④电缆及连接器件电气性能测试； ⑤光纤及连接器件特性测试； ⑥测试仪表和工具的检验	
	安全、防火要求	①施工安全措施； ②消防器材； ③危险物的堆放； ④预留孔洞防火措施	
设备安装	电信间、设备间设备机柜、机架	①规格、外观； ②安装垂直度、水平度； ③油漆不得脱落，标识完整齐全； ④各类螺钉紧固； ⑤抗震紧固措施； ⑥接地措施及接地电阻	随工检验
	配线模块及 8 位模块式通用插座	①规格、位置、质量； ②各种螺钉必须拧紧； ③标志齐全； ④安装符合工艺要求； ⑤屏蔽层可靠连接	
楼内线缆布放	缆线桥架布放	①安装位置正确； ②安装符合工艺要求； ③符合布放缆线工艺要求； ④接地	随工检验 隐蔽工程签证
	缆线暗敷	①缆线规格、路由、位置； ②符合布放缆线工艺要求； ③接地	隐蔽工程签证

续表

<table>
<tr><th>阶　段</th><th>验收项目</th><th colspan="2">验收内容</th><th>验收方式</th></tr>
<tr><td rowspan="5">楼间线缆布放</td><td>架空缆线</td><td colspan="2">①吊线规格、架设位置、装设规格；
②吊线垂度；
③缆线规格；
④卡、挂间隔；
⑤缆线的引入符合工艺要求</td><td>随工检验</td></tr>
<tr><td>管道缆线</td><td colspan="2">①使用管孔孔位；
②缆线规格；
③缆线走向；
④缆线的防护设施的设置质量</td><td rowspan="3">隐蔽工程签证</td></tr>
<tr><td>(直)埋式缆线</td><td colspan="2">①缆线规格；
②敷设位置、深度；
③缆线的防护设施的设置质量；
④回填土夯实质量</td></tr>
<tr><td>通道缆线</td><td colspan="2">①缆线规格；
②安装位置，路由；
③土建设计符合工艺要求</td></tr>
<tr><td>其他</td><td colspan="2">①通信线路与其他设施的间距；
②进线间设施安装、施工质量</td><td>随工检验
隐蔽工程签证</td></tr>
<tr><td rowspan="4">缆线成端</td><td>RJ-45、非 RJ-45
通用插座</td><td colspan="2" rowspan="4">符合工艺要求</td><td rowspan="4">随工检验</td></tr>
<tr><td>光纤连接器件</td></tr>
<tr><td>各类跳线</td></tr>
<tr><td>配线模块</td></tr>
<tr><td rowspan="6">系统测试</td><td rowspan="5">各等级的电缆
布线系统工程
电气性能测试
内容</td><td>C、D、E、EA、F、FA</td><td>①连接图；
②长度；
③近端串音；
④传播时延；
⑤传播时延偏差；
⑥直流环路电阻</td><td rowspan="6">竣工检验
或随工测试</td></tr>
<tr><td>C、D、E、EA、F、FA</td><td>①近端串音功率和；
②衰减近端串音比；
③衰减近端串音比功率和；
④衰减远端串音比；
⑤衰减远端串音比功率和</td></tr>
<tr><td>EA、FA</td><td>①外部近端串音功率和；
②外部衰减远端串音比功率和</td></tr>
<tr><td colspan="2">屏蔽布线系统屏蔽层的导通，与屏蔽层电阻测试</td></tr>
<tr><td>为可选增项测试(D、E、EA、F、FA)</td><td>①横向转换损耗(TLC)；
②两端等效横向转换损耗(ELTCTL)；
③耦合衰减；
④不平衡电阻</td></tr>
<tr><td>光纤特性测试</td><td colspan="2">①衰减；
②长度；
③高速光纤链路光时域反射(OTDR)曲线</td></tr>
</table>

续表

阶　段	验收项目	验收内容	验收方式
管理系统	管理系统级别	符合设计文件要求	竣工检验
	标识符与标签设置	①专用标识符类型及组成； ②标签设置； ③标签材质及色标	
	记录和报告	①记录信息； ②报告； ③工程图纸	
工程总验收	竣工技术文件	清点、交接技术文件	
	工程验收评价	考核工程质量，确认验收结果	

任务四　楼宇内典型光电链路的实施 2

任务目标

工作任务	分组完成楼宇内典型光电混合链路，通信链路如图 3-4-1 所示
任务要求	(1)从一层管理间(1FD)机柜布放四对双绞线到信息插座，需采用 Φ20 mm 规格的 PVC 线管； (2)从二层管理间(2FD)机柜布放四对双绞线到信息插座，需采用 39 mm×19 mm 的 PVC 线槽； (3)双绞线电缆配线、端接需采用 TIA/EIA 568B 标准； (4)光缆 A 和光缆 B 在一层管理间(1FD)机柜、二层管理间(2FD)机柜、设备间(BD)机柜成端，需遵循图 3-4-2 所示色谱顺序； (5)设备间(BD)机柜、管理间(1FD、2FD)机柜的光纤终端盒和数据配线架安装位置需遵循图 3-4-3 所示位置

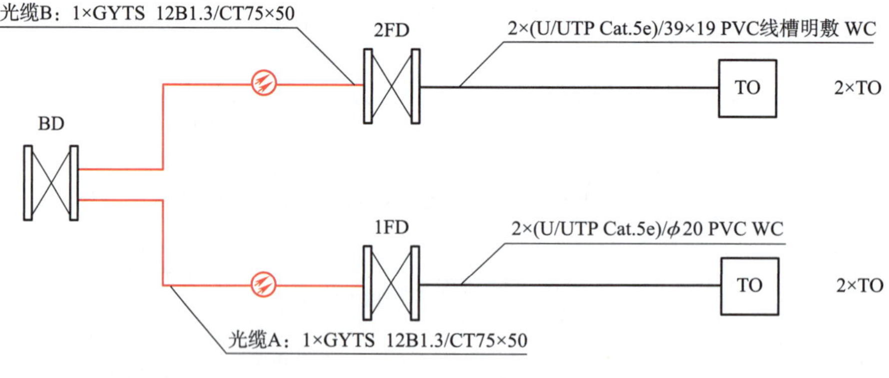

图 3-4-1　光电混合链路系统结构图

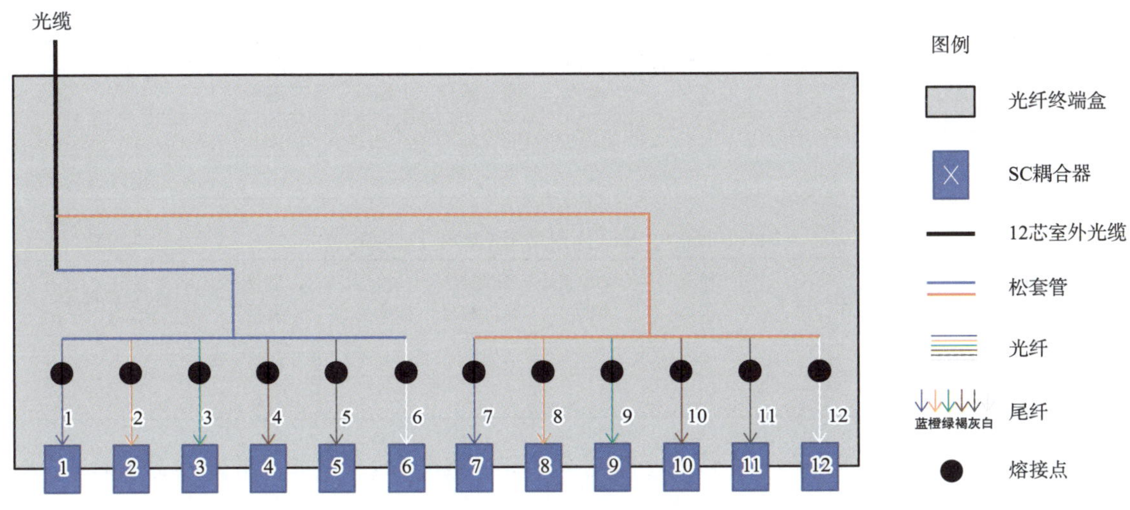

图 3-4-2　光缆成端示意图

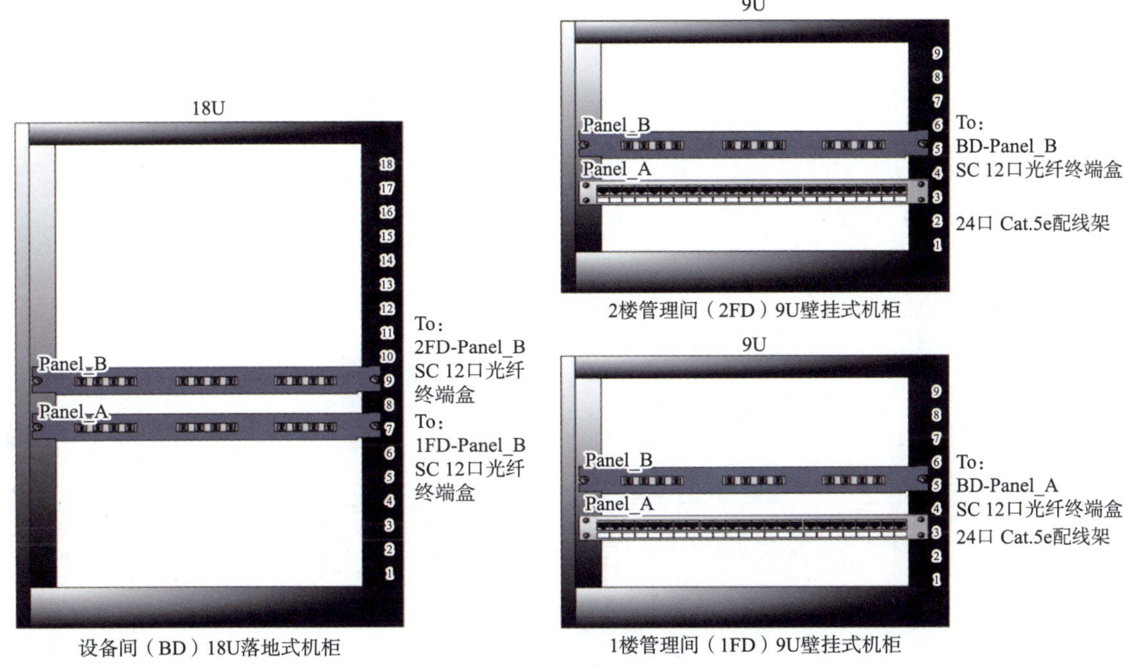

图 3-4-3　机柜正面布置图

任务准备

请自行查阅资料或观看视频，完成以下工作准备。

引导问题 1：请自行规划 1FD 及 2FD 中 Panel_A 的连接端口，完成端口对应表 3-4-1。

表 3-4-1　Panel_A 网络配线架端口对应表

(a)1FD 机柜中 Panel_A 网络配线架端口对应表

序号	信息点编号	机柜编号	配线架编号	配线架端口编号	楼层编号	位置编号	信息点编号
1							
2							

(b)2FD 机柜中 Panel_A 网络配线架端口对应表

序号	信息点编号	机柜编号	配线架编号	配线架端口编号	楼层编号	位置编号	信息点编号
1							
2							

引导问题 2:请有序组织施工。请为小组成员合理分配任务,填写施工作业人员安排表(见表 3-4-2)。

表 3-4-2　施工作业人员安排表

施工作业人员	分配作业内容

引导问题 3:器材准备。填写器材(含测试设备、终端设备)选用表(见表 3-4-3)。

表 3-4-3　器材选用表

序　号	器材名称	器材型号	数　量	单　位

续表

序　号	器材名称	器材型号	数　量	单　位

小提示：查看系统结构图，沿着终端TO，连接到BD机柜，逐一统计用到的器材或设备。

引导问题4：工机具准备。填写任务所需的工机具选用表（见表3-4-4）。

表3-4-4　工机具选用表

序　号	工机具名称	功　能

小提示：针对布线通道敷设、线缆布放、开缆、跳线制作、模块制作、数据配线架配线、光缆熔接成端、连接件安装等进行工机具选用。

任务实施

技能训练1：请遵循表3-4-5的作业步骤完成工作任务。

表 3-4-5　作业步骤

作业步骤	作业内容及标准	完成任务
作业前准备	①根据表 3-4-2,各自做好准备工作; ②作业前准备工作:穿好实训服、佩戴好劳保用品、领取器材和工机具等	①填写表 3-4-2,合理分配工作任务; ②填写表 3-4-3 器材选用表; ③填写表 3-4-4 工机具选用表; ④根据器材选用表领用作业器材; ⑤根据工机具选用表领用作业工机具
信息插座底盒安装	依据业主(教师)要求的信息插座位置安装底盒(或在 201 和 202 安装明装底盒,在 101 和 102 安装暗装底盒),底盒安装要求: ①底盒安装水平、方正,固定良好、不晃动; ②底盒距地面不少于 300 mm	①在一层安装两个暗装底盒; ②在两层安装两个明装底盒
布线通道敷设	①规划 1FD 机柜到 BD 机柜、2FD 机柜到 1FD 机柜、信息插座到 1FD 机柜和 2FD 机柜之间的布线路由; ②从 1FD 敷设 Φ20 mm PVC 线管至 101、102 安装底盒,安装必须横平竖直,折角处必须手工制弯,连接底盒必须使用杯梳; ③从 2FD 敷设 39 mm × 19 mm PVC 线槽至 201、202 明盒,要求:线槽安装必须横平竖直,连接处采用 45°拼接,拼接缝隙不大于 1 mm	①使用 Φ20 mm PVC 线管敷设一层水平链路的布线通道; ②使用 39 mm × 19 mm PVC 线槽敷设二层水平链路的布线通道
线缆标记与敷设	①标记并敷设两根 GYTS - 12B1 型光缆,要求:桥架已敷设好,GYTS - 12B1 型光缆进出桥架时选用合适的软管与 BD/FD 机柜相连; ②标记并敷设一层两根 Cat. 5e U/UTP 双绞线,要求:使用穿线器将线缆从 1FD 机柜牵引到信息插座,穿线过程匀速、"一送一拉"相结合; ③标记并敷设二层两根 Cat. 5e U/UTP 双绞线,要求:线槽与底盒之间缝隙不超过 1 mm,线槽面板拼接处缝隙不超过 1 mm; ④线缆预留:信息插座中 30 ~ 60 mm,FD 机柜中预留 0. 5 ~ 2. 0 m,BD 机柜中预留 3 ~ 5 m	①敷设一层两条水平永久链路; ②敷设二层两条水平永久链路; ③敷设 1FD ~ BD 一条光缆链路; ④敷设 2FD ~ BD 一条干线光缆链路
配线端接	①整理 FD/BD 机柜线缆,要求:横平竖直,拐弯处符合线缆静态弯曲半径,光缆不小于电缆外径 10 倍,Cat. 5e U/UTP 双绞线不少于电缆外径 4 倍; ②安装 FD/BD 机柜配线架及光纤终端盒; ③按照 EIA/TIA 568B 标准端接信息插座; ④1FD、2FD 机柜 Cat. 5e 24 口数据配线架配线; ⑤1FD、2FD、BD 机柜光缆成端	①完成四条水平永久链路的配线、端接; ②完成 1FD、2FD、BD 机柜光缆成端
线缆测试	①使用网络测线仪对水平电缆进行测通测试 ②使用激光测试笔测试光纤链路通断	完成铜缆和光缆链路的测试
任务结束	现场清理: ①整理工机具; ②作业现场的整理与清扫。 **注意:**铜缆/铜缆开剥的垃圾放入"可回收垃圾"桶,光缆/光缆开剥的垃圾放入"有害垃圾"桶	①整理工机具; ②完成作业现场的整理与清扫; ③填写作业(施工)日志

技能训练 2：作业（施工）日志填写（见表 3-4-6）。

表 3-4-6　作业（施工）日志

<table>
<tr><td>任务名称</td><td colspan="5"></td></tr>
<tr><td>作业日期</td><td colspan="2">____年____月____日星期____</td><td>作业地点
（或工位号）</td><td colspan="2"></td></tr>
<tr><td>作业人员</td><td></td><td></td><td></td><td></td><td></td></tr>
</table>

作业前准备工作：
注：从着装开始，梳理作业的准备工作，完成相应的引导问题并确认以下四项内容，确认后打√

□着装检查符合要求	□器材领用与检查	□设备领用与检查	□工机具领用与检查

其他准备工作：

____

____

安全风险控制：

____

____

____

作业中存在的问题及解决方法：

____

____

____

任务完成进度和质量：

____

____

____

考核与评价

请作业人员、小组成员和教师根据表 3-4-7 完成本次任务考核。

表 3-4-7　考核赋分表

<table>
<tr><td rowspan="2">评价项目</td><td rowspan="2">评价内容</td><td rowspan="2">分值</td><td colspan="3">评价分数</td></tr>
<tr><td>自评</td><td>互评</td><td>师评</td></tr>
<tr><td rowspan="3">职业素养
40%</td><td>穿戴规范、整洁：
①衣着得体大方、整洁；（2）
②穿戴符合安全生产要求（3）</td><td>5</td><td></td><td></td><td></td></tr>
<tr><td>安全意识、责任意识：
①工机具摆放合理，符合安全生产要求；（2）
②作业过程中带好防护用具；（2）
③设备使用符合规范（1）</td><td>5</td><td></td><td></td><td></td></tr>
<tr><td>积极参加教学活动，及时完成工作活页：
①课前完成准备阶段活页填写；（3）
②课中完成实施阶段活页填写；（4）
③内容填写规范，用语标准、描述准确（3）</td><td>10</td><td></td><td></td><td></td></tr>
</table>

续表

<table>
<tr><th rowspan="2">评价项目</th><th rowspan="2">评价内容</th><th rowspan="2">分值</th><th colspan="3">评价分数</th></tr>
<tr><th>自评</th><th>互评</th><th>师评</th></tr>
<tr><td rowspan="3">职业素养
40%</td><td>团队合作能力：
①团队分工协作、分工合理；(3)
②协商解决问题，不蛮干、单干(2)</td><td>5</td><td></td><td></td><td></td></tr>
<tr><td>劳动纪律：
①现场施工秩序良好；(2)
②不跨工位操作；(1)
③不随意走动、聊天(2)</td><td>5</td><td></td><td></td><td></td></tr>
<tr><td>生产现场6S管理：
①现场工机具、器材、设备摆放合理、整齐；(2)
②保持施工现场的整洁；(2)
③施工有序、规范操作；(2)
④施工完毕后，工机具整理、现场清扫与整理；(2)
⑤将施工垃圾分类，并清扫(2)</td><td>10</td><td></td><td></td><td></td></tr>
<tr><td rowspan="4">专业能力
60%</td><td>自行查找专业知识：
能通过教材、在线教学平台、互联网查找相关知识，并使用标准用语或标准符号填写活页(10)</td><td>10</td><td></td><td></td><td></td></tr>
<tr><td>作业(或施工)过程规范：
①工序正确；(2)
②工机具使用规范；(1)
③设备使用规范；(1)
④不踩踏线缆(1)</td><td>5</td><td></td><td></td><td></td></tr>
<tr><td>操作熟练度和工作效率：
①基本施工技艺娴熟；(2)
②相关标准和工艺熟记；(2)
③施工进度符合要求(1)</td><td>5</td><td></td><td></td><td></td></tr>
<tr><td>项目验收：
①项目完成度；(4)
②底盒安装水平、方正；(4)
③线管与底盒连接使用杯梳；(4)
④线槽安装水平、方正；(4)
⑤线槽与底盒连接处的缝隙不大于1 mm；(4)
⑥线缆标记齐全、规范；(4)
⑦端接、配线符合工艺要求；(4)
⑧线缆预留符合规范且梳理整齐；(4)
⑨测通测试通过；(4)
⑩现场整洁(4)</td><td>40</td><td></td><td></td><td></td></tr>
<tr><td rowspan="2">总评</td><td rowspan="2">自评得分：________互评得分：________师评得分：________
自评×20%+互评×20%+师评×60%
≥85分优秀，≥75分良好，≥65分合格</td><td colspan="2">综合得分</td><td colspan="2"></td></tr>
<tr><td colspan="2">综合评价</td><td colspan="2"></td></tr>
</table>

任务五 楼宇内网络摄像机典型光电链路的实施①

任务目标

工作任务	分组完成楼宇内 CCTV 典型光电混合链路,通信链路如图 3-5-1 所示
任务要求	(1)从二层管理间(2FD)机柜布放四对双绞线到信息插座,布线通道需选择 39 mm×19 mm 规格的 PVC 线槽; (2)双绞线电缆配线、端接要求采用 TIA/EIA 568B 标准; (3)数据配线架要求使用端口 1 和端口 2 配线; (4)光缆成端时,色谱顺序需遵循图 3-5-2 所示色谱顺序; (5)设备间(BD)机柜、二层管理间(2FD)机柜中光纤终端盒和数据配线架的安装位置,需遵循图 3-5-3 所示位置

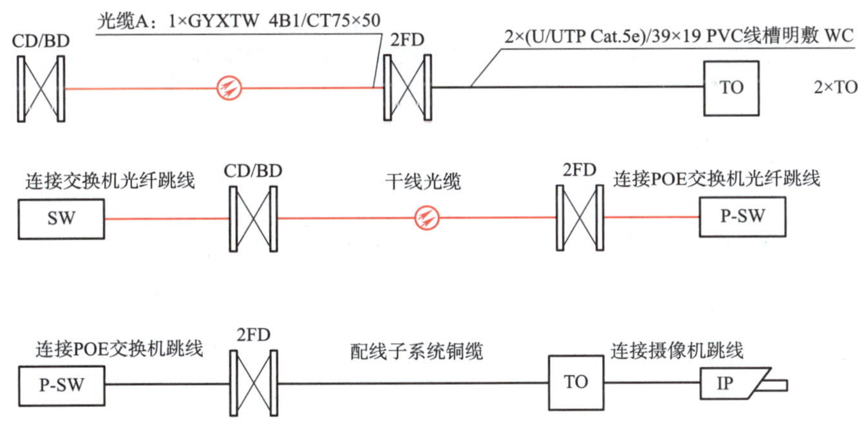

图 3-5-1 CCTV 摄像机传输系统结构图和设备通信信道图

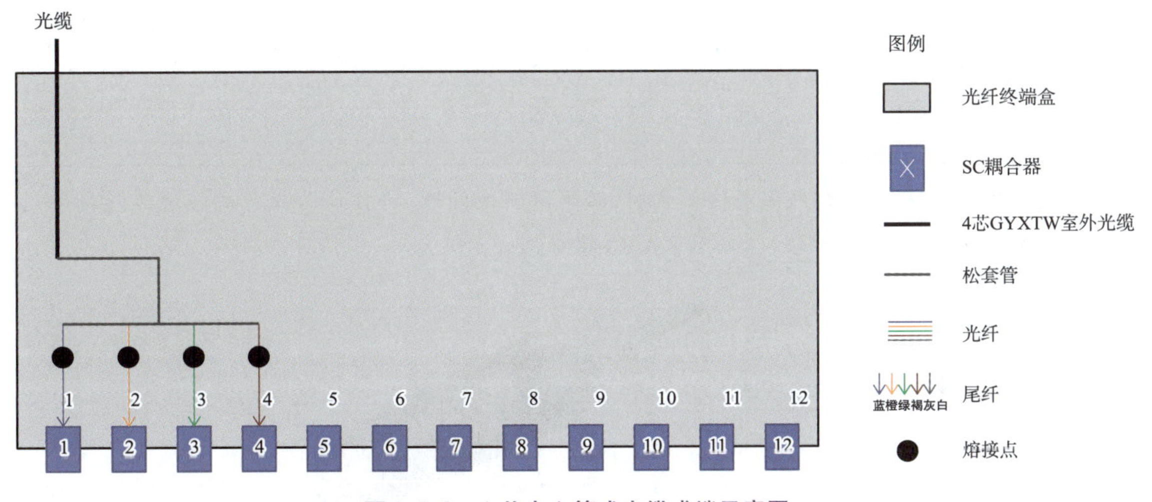

图 3-5-2 4 芯中心管式光缆成端示意图

① 此典型链路也适用于园区网络监控摄像机链路(配线子系统铜缆长度不大于 90 m);PoE 交换机(P-SW)也可在光链路两端使用光纤收发器(SC-RJ-45 或 FC-RJ-45)替代。

图 3-5-3　机柜内设备安装示意图

任务准备

请自行查阅资料或观看视频，完成以下工作准备。

引导问题 1：图 3-5-1 中的图例表示何种设备？请写在空白处。

SW ____________________

P-SW ____________________

IP ____________________

引导问题 2：光缆引入配线架或终端盒时，必须做接地处理，将你认为正确的接地连接部件选出来，请在图 3-5-4 中横线处打√（正确）或 ×（错误）。

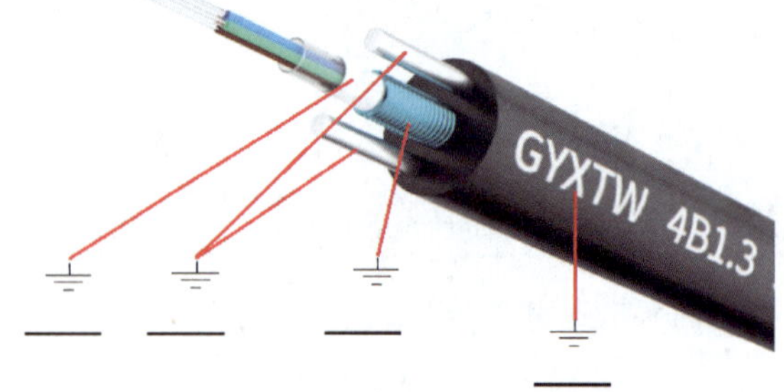

图 3-5-4　接地连接位置示意图

引导问题3:请有序组织施工。请为小组成员合理分配任务,填写施工作业人员安排表(见表3-5-1)。

表3-5-1 施工作业人员安排表

施工作业人员	分配作业内容

引导问题4:器材准备。填写器材(含测试设备、终端设备)选用表(见表3-5-2)。

表3-5-2 器材选用表

序 号	器材名称	器材型号	数 量	单 位

小提示:从终端摄像机开始,顺着信道,将图像送到对应的位置或设备。将传输信道所涉及的设备、跳线、永久链路、布线通道、端接盒、连接件逐一进行统计。

引导问题5:工机具准备。填写任务所需的工机具选用表(见表3-5-3)。

表3-5-3　工机具选用表

序　号	工机具名称	功　能

小提示: 针对布线通道敷设、线缆布放、开缆、跳线制作、模块制作、数据配线架配线、光缆熔接成端、连接件安装等进行工机具选用。

任务实施

技能训练1:请遵循表3-5-4的作业步骤完成工作任务。

表3-5-4　作业步骤

作业步骤	作业内容及标准	完成任务
作业前准备	①根据表3-5-1,各自做好准备工作; ②作业前准备工作:穿好实训服、佩戴好劳保用品、领取器材和工机具等	①填写表3-5-1,合理分配工作任务; ②填写表3-5-2器材选用表; ③填写表3-5-3工机具选用表; ④根据器材选用表领用作业器材; ⑤根据工机具选用表领用作业工机具
信息插座底盒安装	依据业主(教师)要求的信息插座位置(或在201和202)安装明装底盒,底盒安装要求: ①底盒安装水平、方正,固定良好、不晃动; ②底盒就近摄像机安装	在二层安装两个明装底盒
布线通道敷设	①规划2FD机柜到1FD机柜、信息插座到1FD机柜和2FD机柜之间的布线路由; ②从2FD敷设39 mm×19 mm PVC线槽至201、202明盒,要求:线槽安装必须横平竖直,连接处采用45°拼接,拼接缝隙不大于1 mm	使用39 mm×19 mm PVC线槽敷设二层水平链路的布线通道

续表

作业步骤	作业内容及标准	完成任务
线缆标记与敷设	①标记并敷设一根 GYXTW-4B1 型光缆,要求:桥架已敷设好,GYXTW-4B1 型光缆进出桥架时选用合适的软管与 BD/FD 机柜相连; ②标记并敷设二层两根 Cat. 5e U/UTP 双绞线,要求:线槽与底盒之间缝隙不超过 1 mm,线槽面板拼接处缝隙不超过 1 mm; ③线缆预留:信息插座中 30 ~ 60 mm,FD 机柜中预留 0.5 ~ 2.0 m,BD 机柜中预留 3 ~ 5 m	①敷设二层两条水平永久链路; ②敷设 2FD 至 BD 一条干线光缆链路
配线端接	①整理 FD/BD 机柜线缆,要求:横平竖直,拐弯处符合线缆静态弯曲半径,光缆不小于电缆外径 10 倍,Cat. 5e U/UTP 双绞线不少于电缆外径 4 倍; ②2FD、BD 机柜光缆成端,并安装光纤终端盒; ③2FD 机柜 Cat. 5e 24 口数据配线架配线,并安装配线架光纤终端盒、配线架安装要求:安装水平、稳固,固定螺钉全部安装; ④按照 EIA/TIA 568B 标准端接信息插座	①完成两条水平永久链路的配线、端接; ②完成 2FD、BD 机柜光缆成端
线缆测试	①使用网络测线仪对水平电缆进行测通测试; ②使用激光测试笔测试光纤链路通断	完成铜缆和光缆链路的测试
设备安装	①在 2FD 机柜安装光通信模块的 PoE 交换机(或安装光纤收发器); ②在 BD 机柜安装安装带光通信模块的交换机(或安装光纤收发器); ③使用光纤跳线将交换机的光口与光纤终端盒的指定端口连接(或使用光纤线将光纤收发器的光口与光纤终端盒的指定端口连接,使用铜缆将光纤收发器的电口与 Cat. 5e 24 口数据配线架指定端口连接),接通设备电源; ④使用 RJ-45-RJ-45 跳线两根将枪型数字摄像机和云台数字摄像机分别连接至信息插座,接通摄像机电源	①在 2FD 机柜安装 POE 交换机(或安装光纤收发器); ②在 BD 机柜安装交换机(或安装光纤收发器); ③使用跳线连接设备
设备测试	①使用跳线将交换机的电口(或光纤收发器的电口)与工程宝的 LAN 连接; ②工程宝开机,并打开 IPC 搜索程序; ③找到枪型数字摄像机并初始化,连接枪型数字摄像机,观察枪型数字摄像机的图像;找到云台数字摄像机并初始化,连接云台数字摄像机,观察图像并用云台调整摄像镜头的上下左右四个方位。 **注**:如果使用光纤收发器,枪型数字摄像机和云台数字摄像机必须各使用一套	①使用工程宝测试枪型数字摄像机; ②使用工程宝测试云台数字摄像机
任务结束	现场清理: ①设备断电、整理回收; ②整理工机具; ③作业现场的整理与清扫。 **注意**:铜缆/铜缆开剥的垃圾放入“可回收垃圾”桶,光缆/光缆开剥的垃圾放入“有害垃圾”桶	①设备断电、整理; ②整理工机具; ③完成作业现场的整理与清扫; ④填写作业(施工)日志

技能训练2：作业（施工）日志填写。根据各自承担的施工任务，填写作业（施工）日志（见表3-5-5）。

表3-5-5　作业（施工）日志

任务名称				
作业日期	____年____月____日星期____		作业地点（或工位号）	
作业人员				

作业前准备工作：
注：从着装开始，梳理作业的准备工作，完成相应的引导问题并确认以下四项内容，确认后打√

□着装检查符合要求	□器材领用与检查	□设备领用与检查	□工机具领用与检查

其他准备工作：

安全风险控制：

作业中存在的问题及解决方法：

任务完成进度和质量：

考核与评价

请作业人员、小组成员和教师依据表3-5-6完成本次任务考核。

表3-5-6　考核赋分表

评价项目	评价内容	分值	评价分数		
			自评	互评	师评
职业素养 40%	穿戴规范、整洁： ①衣着得体大方、整洁；(2) ②穿戴符合安全生产要求(3)	5			
	安全意识、责任意识： ①工机具摆放合理，符合安全生产要求；(2) ②作业过程中带好防护用具；(2) ③设备使用符合规范(1)	5			

续表

评价项目	评价内容	分值	评价分数		
			自评	互评	师评
职业素养 40%	积极参加教学活动,及时完成工作活页: ①课前完成准备阶段活页填写;(3) ②课中完成实施阶段活页填写;(4) ③内容填写规范,用语标准、描述准确(3)	10			
	团队合作能力: ①团队分工协作、分工合理;(3) ②协商解决问题,不蛮干、单干(2)	5			
	劳动纪律: ①现场施工秩序良好;(2) ②不跨工位操作;(1) ③不随意走动、聊天(2)	5			
	生产现场6S管理: ①现场工机具、器材、设备摆放合理、整齐;(2) ②保持施工现场的整洁;(2) ③施工有序、规范操作;(2) ④施工完毕后,工机具整理、现场清扫与整理;(2) ⑤将施工垃圾分类,并清扫(2)	10			
专业能力 60%	自行查找专业知识: 能通过教材、在线教学平台、互联网查找相关知识,并使用标准用语或标准符号填写活页(10)	10			
	作业(或施工)过程规范: ①工序正确;(2) ②工机具使用规范;(1) ③设备使用规范;(1) ④不踩踏线缆(1)	5			
	操作熟练度和工作效率: ①基本施工技艺娴熟;(2) ②相关标准和工艺熟记;(2) ③施工进度符合要求(1)	5			
	项目验收: ①项目完成度;(4) ②底盒安装水平、方正;(4) ③线管与底盒连接使用杯梳;(4) ④线槽安装水平、方正;(4) ⑤线槽与底盒连接处的缝隙不大于1 mm;(4) ⑥线缆标记齐全、规范;(4) ⑦端接、配线符合工艺要求;(4) ⑧线缆预留符合规范且梳理整齐;(4) ⑨测通测试通过;(4) ⑩现场整洁(4)	40			
总评	自评得分:________互评得分:________师评得分:________ 自评×20%+互评×20%+师评×60% ≥85分优秀,≥75分良好,≥65分合格	综合得分			
		综合评价			

相关知识

一、室外数字监控摄像机常用器材

1. 光纤收发器

光纤收发器按光纤芯数分类有两种：一种是单模单芯光纤收发器，如图 3-5-5 所示；一种是单模（或多模）双芯光纤收发器，如图 3-5-6 所示。收发器的传输速率一般有 10 Mbit/s、100 Mbit/s、1 000 Mbit/s 三种，连接的双绞线必须与之相匹配。双纤收发器在连接时分 TX（发射）端和 RX（接收）端，光纤连接时 TX（发射）端与 RX（接收）端对应。单纤收发器是通过一芯光纤来传输，那么发射和接收光都是通过一根光纤芯来传输，要实现通信就须用到两种波长的光来区分发送和接收。单纤收发器的光模块发射光波长就有两个：1 310 nm/1 550 nm（远距离传输 1 490 nm/1 550 nm）。一对收发器互连的两端就会存在区别，一端发射 1 310 nm，接收 1 550 nm；另一端则是发射 1 550 nm，接收 1 310 nm。为了方便区分，会用字母 AB 在收发器上标记。于是就出现了 A 端[1 310 nm（发）/1 550 nm（收）]，B 端[1 550 nm（发）/1 310 nm（收）]。用户必须 A 与 B 配对使用，不可 A 与 A 或者 B 与 B 互连。

图 3-5-5　单模单芯光纤收发器

图 3-5-6　单模双芯光纤收发器

在大量使用光纤收发器时，常用光纤收发器机架（空箱）来容纳和整理光纤收发器，并为光纤收发器供电。常见光纤收发器机架尺寸：14 槽（容纳 14 个光纤收发器），19 英寸，2U 高度。为了提高光纤收发器机架供电的稳定性，某些光纤收发器机架还提供双电源冗余功能，如图 3-5-7 所示。

（a）光纤收发器机架（空箱）

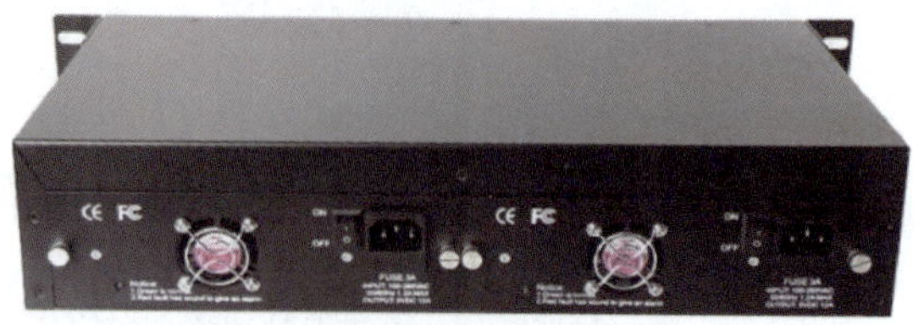

（b）双电源光纤收发器机架

图 3-5-7　光纤收发器机架

2. CCTV 户外防水箱

CCTV 户外防水箱一般有不锈钢（201、304）和镀锡钢板（俗称“马口铁”）材质。用于户外摄像的供电、信号传输、连接件等设备的安装，有较好的防水、通风功能。常安装在墙面或立柱上，如图 3-5-8 所示。

图 3-5-8　室外防水箱

二、室外数字监控摄像机传输新技术

在外场区安装网络摄像机，最新的技术方案是采用 GPON OLT、多路分光器（带电源模块）、PoE ONU 等设备，系统连接如图 3-5-9 所示。室内外连接线缆采用馈电光缆（也称光电复合缆），如图 3-5-10 所示。

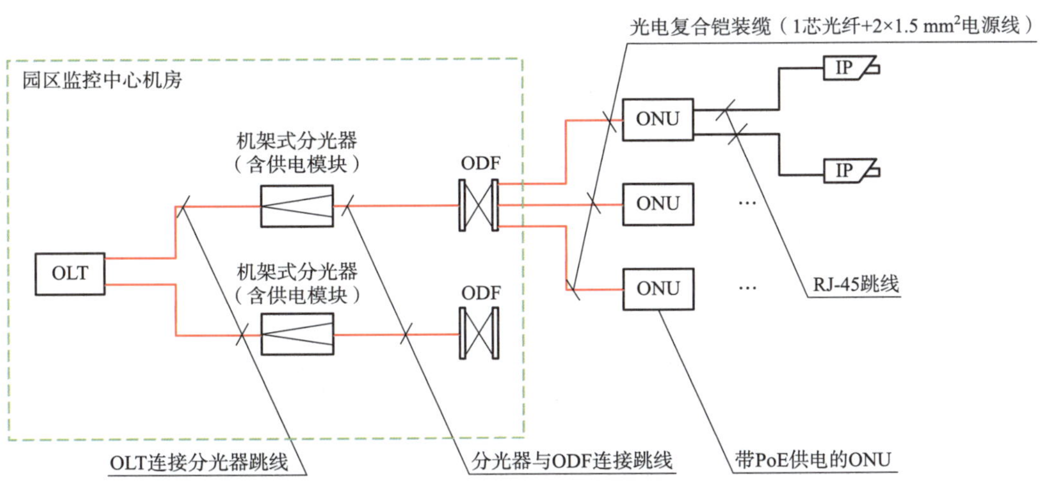

图 3-5-9　GPON OLT + ONU 方式组建网络视频监控

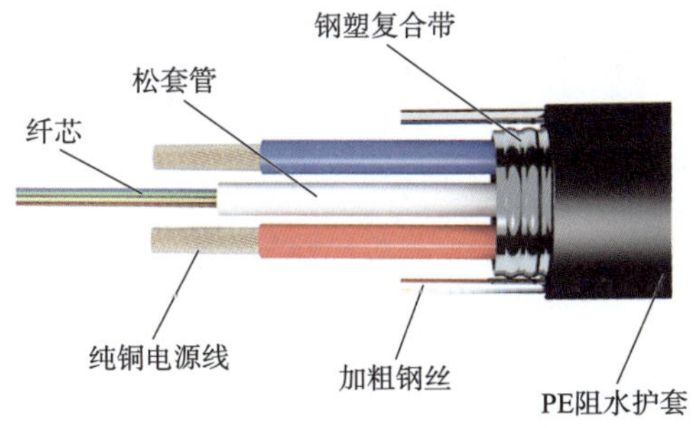

图 3-5-10　光电复合缆

参 考 文 献

[1] 蔡跃. 职业教育活页式教材开发指导手册[M]. 上海:华东师范大学出版社,2020.

[2] 中华人民共和国住房和城乡建设部. 综合布线系统工程设计规范:GB 50311—2016[S]. 北京:中国计划出版社,2017.

[3] 中华人民共和国住房和城乡建设部. 综合布线系统工程验收规范:GB/T 50312—2016[S]. 北京:中国计划出版社,2017.

[4] 中华人民共和国住房和城乡建设部. 综合布线系统工程设计与施工:20X101-3[S]. 北京:中国计划出版社,2020.

[5] 卢勤,王公儒. 信息网络布线工程技术训练教程[M]. 大连:东软电子出版社,2014.

[6] 朱东方,陈静君. 信息网络布线技能训练实战[M]. 北京:机械工业出版社,2018.